Dirk Richter
War der Coronavirus-Lockdown notwendig?

Science Studies

Dirk Richter (Dr. phil. habil.), geb. 1962, ist Wissenschaftler am Departement Gesundheit der Berner Fachhochschule und Leiter Forschung und Entwicklung am Zentrum Psychiatrische Rehabilitation der Universitären Psychiatrischen Dienste Bern. Die Arbeitsschwerpunkte des Soziologen und Pflegefachmanns sind psychiatrische Epidemiologie und Rehabilitation sowie Pflegeforschung und Aggressionsforschung. Darüber hinaus forscht er in mehreren Projekten zu den Auswirkungen der Pandemie auf die psychische Gesundheit und die psychiatrische Versorgung.

Dirk Richter
War der Coronavirus-Lockdown notwendig?
Versuch einer wissenschaftlichen Antwort

[transcript]

Die Open Access-Publikation wurde finanziell unterstützt durch den Fachbereich Pflege der Berner Fachhochschule und das Zentrum Psychiatrische Rehabilitation der Universitären Psychiatrischen Dienste Bern.

Bibliografische Information der Deutschen Nationalbibliothek
Die Deutsche Nationalbibliothek verzeichnet diese Publikation in der Deutschen Nationalbibliografie; detaillierte bibliografische Daten sind im Internet über http://dnb.d-nb.de abrufbar.

Dieses Werk ist lizenziert unter der Creative Commons Attribution-NonCommercial-No-Derivs 4.0 Lizenz (BY-NC-ND). Diese Lizenz erlaubt die private Nutzung, gestattet aber keine Bearbeitung und keine kommerzielle Nutzung. Weitere Informationen finden Sie unter https://creativecommons.org/licenses/by-nc-nd/4.0/deed.de
Um Genehmigungen für Adaptionen, Übersetzungen, Derivate oder Wiederverwendung zu kommerziellen Zwecken einzuholen, wenden Sie sich bitte an rights@transcript-publishing.com
Die Bedingungen der Creative-Commons-Lizenz gelten nur für Originalmaterial. Die Wiederverwendung von Material aus anderen Quellen (gekennzeichnet mit Quellenangabe) wie z.B. Schaubilder, Abbildungen, Fotos und Textauszüge erfordert ggf. weitere Nutzungsgenehmigungen durch den jeweiligen Rechteinhaber.

© 2021 transcript Verlag, Bielefeld

Umschlaggestaltung: Maria Arndt, Bielefeld
Druck: Majuskel Medienproduktion GmbH, Wetzlar
Print-ISBN 978-3-8376-5545-2
PDF-ISBN 978-3-8394-5545-6
https://doi.org/10.14361/9783839455456

Gedruckt auf alterungsbeständigem Papier mit chlorfrei gebleichtem Zellstoff.
Besuchen Sie uns im Internet: *https://www.transcript-verlag.de*
Unsere aktuelle Vorschau finden Sie unter *www.transcript-verlag.de/vorschau-download*

Inhalt

0. Vorbemerkung 7

1. Der notwendige Lockdown? Fragestellung, methodisches Vorgehen – und ein erkenntnistheoretisches Problem 9
1.1 Die komplexitätsvergessene Diskussion um den Lockdown 13
1.2 Die Epidemie – Ein erkenntnistheoretisches Problem 15
1.3 Der Lockdown – Eine sozialwissenschaftliche Herausforderung 18
1.4 Methodische Vorgehensweise 21

2. Die Vorgeschichte – Pandemiebekämpfung seit der Mitte des 20. Jahrhunderts 25
2.1 Virusepidemien und -pandemien seit 1950 26
2.2 Influenzapandemien der 1950er- und 1960er-Jahre 27
2.3 Neue und erneut auftretende Infektionserkrankungen 30
2.4 Nicht-pharmakologische Interventionen 32
2.5 Epidemie- und Pandemieplanung 36
2.6 Das Ende des geduldigen Ausharrens – Einstellungswandel in der Bevölkerung 39
2.7 Schlussfolgerungen – Die Vorgeschichte des Lockdowns 41

3. Das Coronavirus – Biologische und epidemiologische Dynamiken 43
3.1 Das neuartige Coronavirus 43
3.2 Die Übertragung des neuartigen Coronavirus 46
3.3 Maßzahlen der Virusverbreitung 47
3.4 Die Verbreitung des Virus 53
3.5 Die Gefährlichkeit des neuen Coronavirus – Das Messen der Sterblichkeit 56
3.6 Covid-19 und die Virusgrippe – Wie gefährlich ist die Coronavirus-Pandemie? .. 66
3.7 Schlussfolgerungen – Das Virus und der Lockdown 67

4.	Das Erleben der Pandemie und ihrer Auswirkungen – Psychologische Dynamiken	71
4.1	Exponentielles Wachstum – Die kognitive Überforderung	72
4.2	Angst und Unsicherheit – Emotionale Reaktionen auf die Pandemie und den Lockdown	75
4.3	Verhaltensänderungen während der Pandemie	83
4.4	Die Suche nach einer Erklärung – Verschwörungstheorien	86
4.5	Schlussfolgerungen – Die Psychologie und der Lockdown	88
5.	Die Reaktionen auf die Pandemie – Wissenschaftliche, mediale, politische und ökonomische Dynamiken	89
5.1	Die Pandemie in der Wissenschaft	90
5.2	Die Pandemie in den Medien	97
5.3	Die Pandemie in der Politik	103
5.4	Die Pandemie in der Wirtschaft	111
5.5	Schlussfolgerungen – Gesellschaftliche Dynamiken und der Lockdown	119
6.	Lockdown – Elemente, Wirkungen, Alternativen	121
6.1	Nicht-pharmakologische Maßnahmen während des Lockdowns	122
6.2	Wirkungen des Lockdowns	126
6.3	Alternativen zum Lockdown – Südostasien und Schweden	130
6.4	Schlussfolgerungen – Der Erfolg des Lockdowns	134
7.	Der Lockdown – Nicht notwendig, aber unvermeidbar	137
7.1	Der unvermeidbare Lockdown	137
7.2	Wie stichhaltig sind die Argumente der Lockdown-Skepsis?	142
7.3	Wie können Lockdown-Maßnahmen während zukünftiger Pandemien vermieden werden?	146
Literatur		149

0. Vorbemerkung

»Sag mal, ist das nicht alles etwas übertrieben, diese Sache mit dem Virus?« So oder so ähnlich liefen viele Gespräche in der Gesundheitsversorgung und in der Forschung, die ich und andere im März 2020 führten. Gerade Fachpersonen, die sich auszukennen glaubten, waren sehr skeptisch bezüglich der Gefährlichkeit des neuen Coronavirus, aber besonders auch skeptisch gegenüber den Maßnahmen, welche die Behörden anordneten. Ich muss zugeben, das galt auch für mich. Doch nachdem ich mich ein bisschen bei meinen Epidemiologie-Kontakten umgehört hatte, war ich mir anschließend nicht mehr so sicher. Da schien etwas auf uns zuzukommen, das ich nicht richtig eingeschätzt und verstanden hatte. Insofern ist dieses Buch auch eine Reaktion auf die narzisstische Kränkung eines Wissenschaftlers, der es besser zu wissen meinte.

Vor diesem Hintergrund entstand während mehrerer Gespräche am Departement Gesundheit der Berner Fachhochschule die Idee, der Frage nach der Notwendigkeit des Lockdowns mit wissenschaftlichen Methoden nachzugehen. Ursprünglich sollte es eine Sammlung von Indikatoren und Daten sein, doch dann erhielt die Fragestellung – genauso wie die gesamte Pandemie – eine Dimension, die deutlich über ein kleines Projekt hinausging. Es wurde schließlich die Idee für ein Buch entwickelt, das verschiedene Perspektiven abdecken sollte.

Die Entstehung dieses Werks haben viele Kolleginnen und Kollegen von der Berner Fachhochschule (BFH) und von den Universitären Psychiatrischen Diensten Bern (UPD) sowie meine Familie unterstützt und begleitet. Ganz herzlich bedanken möchte ich mich bei Sabine Hahn, Fachbereichsleitung Pflege am Departement Gesundheit der BFH, die von Beginn an das Projekt mit entwickelt und gefördert hat. Beide Forschungsinstitutionen, bei denen ich mitwirken darf, das Departement Gesundheit der BFH und das Zentrum Psychiatrische Rehabilitation der UPD, haben es ermöglicht, das Buch mit einer *Open Access*-Lizenz zu veröffentlichen und allen Interessierten ohne Beschränkungen und Kosten zugänglich zu machen. Dafür gilt Sabine Hahn und Res Hertig, Direktor Zentrum Psychiatrische Rehabilitation der UPD, ein besonderer Dank. Diese Form der Publikation entspricht moderner Wissenschaftskommunikation, aber sie entspricht auch meinem Anspruch, Forschung für diejenigen zu machen, die sich dafür interessieren und nicht nur für diejenigen, die privilegierte Zugänge zu Veröffentlichungen haben.

Sehr verbunden bin ich allen, die in sehr kurzer Zeit einzelne Kapitel oder das gesamte Manuskript gelesen haben und mich vor Fehlern, Begriffsverwirrungen und logischen Widersprüchen bewahrt haben: Christine Adamus, Urs Brügger, Sabine Hahn, Doris Richter, Tim Richter und Simeon Zürcher. Die verbleibenden Fehler und Unzulänglichkeiten sind ausschließlich mir zuzurechnen.

1. Der notwendige Lockdown? Fragestellung, methodisches Vorgehen – und ein erkenntnistheoretisches Problem

Im Rahmen der Aufarbeitung der seit Ende der 1990er-Jahre in vielen Teilen der Welt grassierenden Vogelgrippe-Epidemie wurde der Infektionsepidemiologe Michael Osterholm vor einem Ausschuss des amerikanischen Kongresses im Jahre 2005 um eine Einschätzung kommender Pandemien gebeten. Eine große Influenza (Grippe)-Pandemie, so seine Prognose »...wird wie ein 12 bis 18 Monate andauernder Blizzard-Schneesturm sein, der letztlich die Welt, so wie wir sie heute kennen, verändert.« [1: 72][1] Die Coronavirus-Pandemie hat in nicht einmal 6 Monaten eine deutlich veränderte Welt hinterlassen. Mehrere hunderttausend Menschen haben ihr Leben verloren und mehrere Millionen Menschen sind infiziert und zum Teil schwer erkrankt. Es war die in Fachkreisen schon länger prognostizierte ›Krankheit X‹ [2]. Erwartet wurde eine Infektionserkrankung unbekannter Herkunft und unbekannten Ausmaßes, die aber das Potenzial zu einer massiven Gesundheitskrise hatte und für die weder eine Behandlung noch ein Impfstoff zur Verfügung stand. Covid-19 ist Krankheit X – und wird vermutlich nicht die letzte sein.

Die Antwort nahezu aller Regierungen der betroffenen Länder lautete: Lockdown. Der Begriff gehörte zu zahlreichen weiteren Wörtern wie Reproduktionszahl, Verdopplungszeit und *Social Distancing*, welche die Weltöffentlichkeit in einem infektionsepidemiologischen Crash-Kurs zu lernen hatte. Mittlerweile gehen selbst die Pandemie-Anglizismen vielen Menschen auch außerhalb des englischen Sprachraums mühelos über die Lippen. Der Begriff des Lockdowns hat dabei eine unglaubliche Wandlung seit seinen germanischen Sprachwurzeln durchgemacht. Wurde er vor hundert Jahren primär als

---

1 Die Übersetzungen aus dem Englischen ins Deutsche stammen vom Verfasser.

technische Vorrichtung zum Abschließen oder zum Zusammenschließen von Hölzern gebraucht, so wandte man ihn im letzten Drittel des 20. Jahrhunderts für ein großflächiges Einschließen bei Gefahrsituationen in Gefängnissen und Heimen an [3]. Auf diesem Weg hat der Lockdown es schließlich zum Leitbegriff der Pandemiebekämpfung gebracht.

Bei genauerem Hinsehen wurde der Begriff des Lockdowns in verschiedenen Ausprägungen während der Coronavirus-Pandemie gebraucht. Eine engere Auslegung bezog sich im Anschluss an die gerade beschriebene Begriffshistorie auf die Beschränkung der Bewegungsfreiheit, also beispielsweise Ausgangssperren oder Verbote, sich außerhalb eines gewissen Radius um die Wohnung herum in der Freizeit aufzuhalten. Allerdings weitete sich die Bedeutung des Begriffs immer weiter aus und wurde schließlich als Synonym für sämtliche nicht-pharmakologischen Maßnahmen zur Pandemieeindämmung gebraucht, etwa für das Maskentragen oder die Verpflichtung zum Einhalten von Distanzen. Diese Maßnahmen ergänzen die pharmakologischen Interventionen wie die antivirale Therapie und die Impfung bei der Bekämpfung von Epidemien und Pandemien [4]. In den nachfolgenden Ausführungen wird die weiter gefasste Bedeutung des Begriffs Lockdown verwendet, es sein denn, ein anderer Gebrauch wird eindeutig kenntlich gemacht. Weitere Details zu Lockdown-Maßnahmen enthält das Kapitel 6, das sich ausführlich mit den verschiedenen Varianten, Alternativen und deren Folgen befasst.

Die Pandemie hatte gravierende Folgen, es war aber auch die Bekämpfung der Pandemie mittels Lockdowns, die erhebliche Auswirkungen hatte. Welche Folgen der Pandemie und welche Folgen dem Lockdown zuzurechnen sind, das ist ein methodisches – und letztlich auch politisches – Problem, auf das an verschiedenen Stellen dieser Arbeit noch einzugehen sein wird. Vorweggenommen sei der Hinweis, dass diese Trennung selten wirklich scharf zu finden sein wird. Dennoch kann Folgendes festgehalten werden: Milliarden Menschen haben die wirtschaftlichen und psychosozialen Konsequenzen zu bewältigen. Angesichts der schon im Sommer 2020 absehbaren Auswirkungen mit teils massiven Arbeitsplatzverlusten und Firmeninsolvenzen, öffentlicher Schuldenaufnahme und Finanzspritzen der Zentralbanken in unvorstellbarer Höhe wird das Aufrechnen der gesundheitlichen gegen die wirtschaftlichen Folgen vor allem in Europa und Nordamerika kaum zu vermeiden sein. Ob in die gesamte Aufrechnung auch die Folgen für den globalen Süden mit drohenden Hungersnöten und ausbleibenden Impfkampagnen eingerechnet werden, das bleibt abzuwarten.

Während die beschriebenen Folgen viele kurzfristige Wirkungen entfalten, muss darüber hinaus mit mittel- bis langfristigen Nachwirkungen gerechnet werden, die Jahre bis vielleicht Jahrzehnte andauern. Die Pandemie und der Lockdown haben einen deutlichen Schub an Digitalisierung und Automatisierung in vielen Bereichen der Arbeitswelt angestoßen. Die zu erwartenden wirtschaftliche Rezession wird zudem einen weiteren Schub hervorrufen, der mit einem erheblichen Abbau von Arbeitsplätzen verbunden ist, wie Erfahrungen aus früheren Wirtschaftskrisen gezeigt haben [5]. Jüngere Menschen, die in der nächsten Zukunft in das Arbeitsleben einsteigen wollen, müssen sich im Durchschnitt auf eine geringere Nachfrage nach ihren Qualifikationen einstellen. Und auch dies kann wiederum langfristige Konsequenzen nach sich ziehen. Sollten ganze Jahrgänge von Ausbildungsabsolvierenden über längere Zeit diese Zugangsprobleme zum Arbeitsmarkt haben, so wirkt sich dies erfahrungsgemäß negativ auf das gesamte Einkommen während des Erwerbslebens aus. In der einschlägigen Forschung spricht man in diesem Zusammenhang von ökonomischen Narben, die sich durch das Leben ziehen [6].

Neben den wirtschaftlichen Folgen, die natürlich indirekt auch gesundheitliche Konsequenzen haben können, hat der Lockdown auch direkte Folgen für gesundheitlich benachteiligte Personen. Für die psychiatrische Versorgung beispielsweise bedeutete dies massive Einschränkungen, indem etwa der Zugang zu Kliniken eingeschränkt wurde, auf Stationen keine Gruppen- und Freizeitangebote mehr durchgeführt und die ambulanten Kontakte und Therapien deutlich reduziert, wenn nicht sogar gänzlich eingestellt wurden [7]. Menschen mit psychischen und anderen Behinderungen wurden in vielen Fällen in ihren Wohn-Einrichtungen interniert und durften in vielen Regionen das Areal ihres Heims über Wochen hinweg nicht verlassen. So verständlich dies aus behördlicher Sicht des Infektionsschutzes auch gewesen sein mag, so gravierend sind die Freiheitseinschränkungen gewesen, die sich deutlich von denen für Menschen ohne Behinderungen unterschieden und durchaus als Form der Diskriminierung gewertet werden können.

Vor diesem Hintergrund stellt sich die Frage nach der Notwendigkeit des Vorgehens im Rahmen der Eindämmung der Pandemie auf jeden Fall. Die Antwort auf diese Frage wird – je nach Verlauf und Folgen der Pandemie – möglicherweise das beherrschende gesellschaftliche, ökonomische, politische, rechtliche, gesundheitliche und wissenschaftliche Thema der nächsten Jahre sein. Die halbe Menschheit ist im Frühjahr 2020 von verschieden intensiven Restriktionen betroffen gewesen, die von Ausgangssperren über

Kontaktbeschränkungen bis hin zu bloßen Verhaltensempfehlungen reichten. Und die Phase der Restriktionen dauert vermutlich bis zur Impfung von Milliarden Menschen.

Schon während die Infektions- und Todeszahlen in Europa langsam zurückgingen, wurde von verschiedenen Seiten entweder verschwörungstheoretisch das Virus in Frage gestellt (›von Bill Gates erfunden, um eine Massenimpfung zu erzwingen‹), die Gefährlichkeit des Virus bezweifelt (›nicht schlimmer als eine schwere Grippesaison‹) oder das Ausmaß der Maßnahmen kritisiert (›Schwedisches Modell‹). Auf der anderen Seite wurde der Lockdown durch die Politik und die Gesundheitsbehörden als alternativlos für die Wohlergehen der Bevölkerung dargestellt. Der Lockdown sei, so wurde im *British Medical Journal* argumentiert, »ein stumpfes, aber notwendiges Werkzeug«, zu dem es keine Alternative gebe, solange ein Impfstoff nicht verfügbar sei [8]. Und nicht selten fand diese Diskussion in ähnlichen Perspektiven statt, die aus den üblichen politischen Auseinandersetzungen bekannt waren. In Westeuropa war dies nicht ganz so ausgeprägt wie in den Vereinigten Staaten, wo schon die Maske zum Symbol für den Kulturkampf zwischen Linksliberalismus und rechten Ideologien wurde [9]. Dennoch war in Europa eine ähnliche Tendenz zu verspüren, und dies spätestens seit den Demonstrationen gegen die Corona-Maßnahmen, die nicht nur in Deutschland und in der Schweiz stattfanden.

Es war aber nicht nur das politische System, in dem diese Diskussion erfolgte. Selbst in der Wissenschaft ergaben sich deutliche Differenzen in den Standpunkten. Karin Mölling, eine international anerkannte Virologin, fand sich nach kritischen Anmerkungen zum Lockdown als ›Querulantin‹ wieder [10]. Sie kritisierte den von ihr beobachteten Nachahmungseffekt in der Politik, wo ein Staat nach dem anderen mehr oder minder drastische Maßnahmen zur Eindämmung der Infektion durchsetzte. Im Gegensatz dazu plädierte Karin Mölling für mehr Gelassenheit und weniger Angst. Die Frage nach der Notwendigkeit beschäftigte aber nicht nur die Virologie, sondern auch andere Disziplinen. Peter Singer, einer der bekanntesten und umstrittensten Bioethiker, nahm die Aussage des US-amerikanischen Präsidenten Donald Trump auf, der behauptet hatte, die Folgen der Pandemie dürften nicht schlimmer sein als die Infektion selbst. Trump hatte dieses Argument bekanntermaßen als Rechtfertigung für ein schnelles Hochfahren der Wirtschaft nach den Schließungen genutzt. Singer forderte dazu auf, rational begründbare Zahlen zu erheben und zu bewerten, um am Ende sagen zu können, wie es um das Wohlbefinden vieler Menschen in der Abwägung der Maßnahmen bestellt sei [11]. Und in Deutschland machte sich der Finanzexperte Stefan Homburg mit Kollegen daran, einer Studie, die zu dem Schluss gekommen war, dass der Lockdown im Land notwendig war um die Infektion zu bekämpfen [12], methodische Mängel nachzuweisen. Homburg war schon zuvor in Medien und auf Demonstrationen gegen die Maßnahmen aufgetreten.

1.1 Die komplexitätsvergessene Diskussion um den Lockdown

War der Lockdown nun wirklich notwendig? Für Wissenschaftlerinnen oder Wissenschaftler besteht durchaus das Risiko, sich an dieser Frage zu verheben. Dieses Risiko besteht auch mit der vorliegenden Arbeit insofern, als das globale Ausmaß und die Komplexität der Ursachen und Folgen schwierig innerhalb eines nicht allzu umfangreichen Buches zu behandeln sind. Daher könnte es durchaus angeraten sein, sich angesichts des ungewissen Pandemieverlaufs und der nicht abschließend absehbaren Folgen in ökonomischer, sozialer und politischer Hinsicht, zum jetzigen Zeitpunkt eines Standpunkts enthalten. Die politische, mediale und wissenschaftliche Diskussion über die Notwendigkeit des Lockdowns wartet jedoch nicht auf den richtigen Zeitpunkt, sie hat während des Frühjahrs und im Sommer 2020 längst begonnen [u.a.: 8, 13, 14-17]. Die Debatte wurde und wird nach wie vor zu großen Teilen auf eine Art geführt, die man mit einem Begriff des Soziologen Armin Nassehi als ›komplexitätsvergessen‹ bezeichnen kann [18]. Interessant dabei ist: die Komplexitätsvergessenheit gilt sowohl für die Lockdown-Skepsis als auch für den wissenschaftlichen Mainstream, dessen Einschätzungen und Empfehlungen in vielen Staaten vom jeweiligen politischen System nicht angemessen berücksichtigt werden, und dies trotz des weit verbreiteten Slogans, man folge einzig und allein der Wissenschaft.

Bevor dieser Sachverhalt erläutert wird, sei zunächst noch eine wichtige Vorbemerkung erlaubt. An verschiedenen Stellen dieser Arbeit wird der Begriff des Mainstreams verwendet. Dieser Begriff wird auch in rechtspopulistischen Kreisen gerne benutzt und er wird zumeist sehr negativ gebraucht. Dem Mainstream wird unterstellt, die Meinungen in der Politik, in der Wissenschaft oder in der Bevölkerung seien – von wem auch immer – gesteuert. Im Falle der Coronavirus-Pandemie wird etwa insinuiert, der Lockdown sei durch die Wissenschaft vorgeben und die Politik übernehme lediglich unkritisch die wissenschaftlichen Vorgaben. Weiterhin wird an verschiedenen Stellen dieser Arbeit deutlich, dass es in der Tat Mainstream-Positionen in der Wissenschaft oder in der Politik in Sachen Pandemie und Lockdown gegeben hat. Allerdings ist die Idee, dieser Mainstream sei ›von oben‹ gesteuert, mit einer Vorstellung von Gesellschaft versetzt, die fachlich nicht gerechtfertigt ist. Wie im Kapitel 5 noch näher beschrieben wird, entwickeln gesellschaftliche Teilsysteme eine Eigendynamik und sie lassen sich dabei eben nicht von anderen sozialen Bereichen vorschreiben, was zu tun oder zu lassen ist. Auf der Basis dieser Eigendynamik ist es jedoch durchaus erwartbar, dass sich in der Tat Mainstream-Positionen in den Teilsystemen bilden. Und es ist nicht unmöglich, dass die Positionen verschiedener gesellschaftlicher Teilsysteme übereinstimmen, ohne dass dies gesteuert wird.

Doch zurück zur Komplexitätsvergessenheit. Bleiben wir zunächst bei der Wahrnehmung des akademischen Bereichs, dass der Beitrag der Forschenden nicht wirklich berücksichtigt werde. Die Gründe für diese Wahrnehmung hat im Sommer 2020 ein Editorial in *Science*, einer der weltweit renommiertesten Wissenschaftszeitschriften, folgendermaßen zusammengefasst: »Public Health-Handlungsempfehlungen werden ignoriert, die Öffnung der Wirtschaft geschieht zu schnell, Menschen streiten über das Maskentragen, und die Kräfte, welche das Vertrauen in Impfstoffe unterminieren, können dies ungehindert machen. Forschende, die Nachtschichten in der Wissenschaft, in Behörden oder im industriellen Sektor einlegen, um Covid-19 besser zu verstehen, sehen sich mit politisch Führenden konfrontiert, welche den unermüdlichen Einsatz herunterspielen und kritisieren.« [19: 483] Herauszulesen ist die Erwartung, dass wissenschaftliche Erkenntnisse im politischen System eins-zu-eins umgesetzt werden. Diese Erwartung ist, es kann leider nicht anders formuliert werden, aus einer sozialwissenschaftlichen Sicht genauso naiv wie die rechtspopulistische Annahme, die Politik lasse sich von der Wissenschaft steuern – was hier ausgerechnet aus Sicht der Wissenschaft bestritten wird. Die Naivität besteht darin, dass nicht verstanden wird, wie sehr das politische System eigenen Prioritäten folgen muss. Dazu gehört die Berücksichtigung der öffentlichen Meinung oder die Absicherung von parlamentarischen Mehrheiten, um beispielsweise Notstandsrecht oder andere drastische Maßnahmen während der Pandemie durchzusetzen. Zudem gab es vor allem während der Frühphase der Pandemie nicht die eine einzige Sichtweise und die eine einzige Handlungsempfehlung aus der Wissenschaft heraus, sondern sich oftmals widersprechende Aussagen. Was in der Forschung zum Tagesgeschäft gehört, macht es der Politik, die Eindeutigkeit kommunizieren muss, nicht gerade leicht.

Und nun zur Lockdown-Skepsis: die Diskussion reduzierte sich etwa auf die Frage, ob die Verhaltensänderungen in der Bevölkerung bereits vor dem Lockdown so stark waren, dass die Reproduktionszahl unter 1 lag [14]. Dass dem so war, ist in einigen Studien gezeigt worden, und dies wurde als Argument genutzt, dass der Lockdown unnötig war und dass man sich die ökonomischen Folgeschäden hätte sparen können [20]. Vergessen wird dabei – neben den gerade angesprochenen politischen Abläufen – unter anderem die regionale Komplexität der Problematik. In verschiedenen anderen Studien hat sich der Effekt nämlich erst nach dem Lockdown gezeigt [21, 22]. Vergessen wird zudem die Komplexität in psychologischer Hinsicht. Vermutlich hat eine Mischung aus Angst vor der Infektion und aus Anpassung an kommende Restriktionen viele Menschen schon früh zu einer Verhaltensänderung geführt (siehe Kapitel 4 und 6). Vergessen wird als weiteres die Komplexität bezüglich des Aufrechterhaltens von Verhaltensänderungen. Wie im Sommer 2020 in verschiedenen Regionen der Welt sichtbar wurde, welche die Lockdown-Maßnahme frühzeitig oder sehr weitreichend aufgehoben haben, führte dies zu dem bekannten Phänomen der erneut aufbrechenden Infektionscluster. Und schließlich ist gerade aus der Ökonomie heraus die eigene Komplexität oft nicht berücksichtigt worden. Das ›Schwedische Modell‹ mit geringen Restriktionen wurde als Option propagiert, die wirtschaftlichen Folgen in Grenzen zu halten. Nicht berücksichtigt wurde dabei jedoch, dass die schwedische Wirtschaft sehr exportabhängig ist und dass die Epidemie zudem auch das Konsumverhalten der Bevölkerung deutlich hat zurückgehen lassen [23]. Die Arbeitslosigkeit ist in Schweden während der Pandemie deutlich angestiegen, wenngleich weniger stark als in den nordischen Nachbarländern [24]. Wie sich dies längerfristig auswirken wird, bleibt abzuwarten. Die schwedische Wirtschaft wird, so Prognosen der Organisation für wirtschaftliche Zusammenarbeit und Entwicklung OECD aus dem Sommer 2020, zwar einen etwas geringeren Rückgang der Wirtschaftsleistung haben als etwa die Schweiz oder Deutschland, jedoch wird die Arbeitslosigkeit höher sein [25].

1.2 Die Epidemie – Ein erkenntnistheoretisches Problem

Ein weiteres Risiko für Wissenschaftlerinnen und Wissenschaftler besteht bei dieser Thematik darin, sich zu weit aus dem Fenster lehnen. Sehr weit aus dem Fenster gelehnt haben sich während der ersten Pandemie-Monate verschiedene Forschende, die oftmals nicht aus den originären Fächern stammten, die üblicherweise für die Pandemie zuständig gehalten werden, nämlich vor allem die Virologie und die Epidemiologie. Aber auch Personen, die in diesen Fächern einen guten Ruf hatten, mussten für ihre Äußerungen, bisweilen aber ebenfalls für ihre Forschung, massive Kritik einstecken und teilweise zurückrudern [26]. So erging es beispielsweise einem der bekanntesten US-amerikanischen Epidemiologen, John Ioannidis von der Stanford University, der in einem wissenschaftlichen Artikel in einem frühen Stadium der Pandemie vor Übertreibungen und Überreaktionen warnte und evidenz-basierte Interventionen anmahnte [27]. Ioannidis wandte sich aber auch an Publikumsmedien und prognostizierte dort, dass bei Überlastung des Gesundheitswesens die Todesraten von Erkrankungen überwiegen würden, die nicht mit der Infektion zusammenhängen würden [28]. Heute wissen wir in der Tat, dass viele Todesopfer aufgrund von Vermeidung von Behandlungen oder durch die Schließung von Gesundheitseinrichtungen zu beklagen sind. Allerdings machen sie auch in den Vereinigten Staaten bei weitem nicht die Mehrheit der Todesfälle aus, sondern ungefähr 30 Prozent [29]. Das heißt, die Übersterblichkeit (die Anzahl der mehr als üblicherweise zu erwartenden Todesfälle) ist im Wesentlichen auf Covid-19-Erkrankungen zurückzuführen.

Und auch Forschende aus der Schweiz waren vor diesen Irrtümern nicht gefeit. Beda Stadler, ein emeritierter Immunologe der Universität Bern schrieb in verschiedenen Zeitschriften (z.B. *Weltwoche*) und Webseiten (z.B. *Achse des Guten*) des rechtskonservativen Spektrums kritisch gegen die Standardstrategie des Lockdowns. Seine Begründung: »Sars-Cov-2 ist gar nicht so neu, sondern eben ein saisonales Erkältungsvirus, das mutiert ist und wie alle anderen Erkältungsviren im Sommer verschwindet ...« [30]. Wenig überraschend wurde diese Position im angesprochenen politischen Spektrum verbreitet und Stadler wurde, wie auch Ioannidis, als wissenschaftlicher Kronzeuge gegen die Notwendigkeit des Lockdowns angeführt. Wenig überraschend war aber auch, dass sich das Virus nicht an diese Prognose während des Sommers 2020 hielt, sondern in ganz Europa die Fallzahlen wieder deutlich anstiegen. Zudem hatten entsprechende Studien schon zu diesem Zeitpunkt mehr oder weniger ausgeschlossen, dass saisonale oder klimatische Effekte eine große Rolle bei der Eindämmung der Infektion spielen würden [31].

Die Geschichte des wissenschaftlichen und präventiven Umgangs mit Epidemien ist eine Geschichte von Panik und Hysterie, jedoch auch von Irrtümern, Fehleinschätzungen und Hybris – wie der Historiker Mark Honigsbaum [32] sein Buch über die Pandemien des 20. Jahrhunderts betitelte.

Wie im nächsten Kapitel noch ausführlich zu beschreiben sein wird, wurde die Welt im Jahre 1968 von einer großen Influenza-Pandemie heimgesucht. In den USA starben durch diese Grippe mehr als 30.000 Menschen. Im Nachhinein wurde deutliche Kritik an den Behörden geübt, die kaum Gegenmaßnahmen ergriffen hatten. Als dann im Jahre 1976 ein kleiner Ausbruch von Influenza erfolgte, wurden mehrere Millionen Menschen geimpft – aber es traten keine weiteren Infektionen auf. Jedoch war die Impfung Ursache für verschiedene Fälle einer schweren neurologischen Erkrankung, des Guillain-Barré-Syndroms. Daraufhin musste der Leiter der Seuchenschutzbehörde CDC seinen Hut nehmen. In ähnlicher Funktion war er einige Jahre später im Bundesstaat New York für die Bekämpfung der HIV-Infektion zuständig. Dort reagierte er sehr zurückhaltend, da er sich nicht des Alarmismus verdächtig machen wollte – erneut eine fatale Fehleinschätzung, wie sich im Verlauf herausstellte.

Margaret Heffernan, eine amerikanisch-britische Ökonomin, deren jüngstem Buch diese Geschichte entnommen wurde, macht in diesem Zusammenhang darauf aufmerksam, dass wir alle für Zukunftsprognosen auf Kontinuität setzen und massiven Wandel bzw. Kontingenz unterschätzen [33]. Allen Erfahrungen von Epidemien oder Pandemien zum Trotz, passiert dies auch ausgewiesenen Experten auf dem Gebiet von Infektionsbekämpfungen. Hans Rosling, ein schwedischer Arzt und Statistiker, der durch sein Buch »Factfulness« [34] und durch die Gapminder-Stiftung auch einem nichtwissenschaftlichen Publikum bekannt wurde, beriet die Weltgesundheitsorganisation WHO während des Ebola-Ausbruchs in Westafrika im Jahr 2014 und plädierte mit Nachdruck dafür, diesem »kleinen Problem« nicht zu viel Gewicht beizumessen und nicht zu viele Ressourcen von der Bekämpfung anderer Krankheiten in der Region abzuziehen. Wie er später einer Journalistin berichtete, sei er sich seines immensen Fehlers anschließend sehr bewusst gewesen. Wenn jemand für das Ausmaß der Ebola-Epidemie verantwortlich zu machen sei, dann sei er es gewesen [35: 97].

Im Zusammenhang mit Epidemien und Pandemien scheint es offenbar nur schwer möglich zu sein, von einem Infektionsausbruch auf den anderen zu schließen. In der Infektionsepidemiologie, so berichtet der Mathematiker Adam Kucharski, gibt es einen Spruch, der sinngemäß besagt: »Wenn du etwas über eine Pandemie weißt.... dann weißt du nur etwas über eine Pandemie.« [36: 3] Dieser Umstand legt nahe, Epidemien auch als ein epistemologisches Problem, also als ein erkenntnistheoretisches Problem zu sehen [37: 153]. Nicht nur in der Politik sowie unter Laien, sondern interessanterweise auch in der Wissenschaft fällt es nicht leicht, sich das Potenzial von Epidemien vorzustellen. Jeder Infektionsausbruch basiert auf anderen biologischen Eigenschaften und sozialen Bedingungen, und viele dieser Bedingungen sind zu Beginn einer Epidemie in der Regel nicht bekannt. Zusammen mit der nicht-linearen und oftmals exponentiellen Ausbreitung führt dies in vielen Fällen fast notwendigerweise zu einer Fehleinschätzung der Risiken – Unterschätzung und Überschätzung sind gleichermaßen möglich. Die Coronavirus-Pandemie wurde von vielen Verantwortlichen in Politik und Wissenschaft zunächst deutlich unterschätzt.

Diese Fehleinschätzung ist eine relevante Ursache der teils chaotischen Antwort auf Epidemien durch die Politik und die Gesundheitsadministration. Da man offenbar nur wenig von früheren Epidemien lernen kann – außer, dass sie einen unerwarteten Verlauf nehmen können – entsteht regelmäßig eine »Ausbruchskultur« [38], welche einen koordinierten Umgang mit der Epidemie schwierig werden lässt. Kompetenzgerangel, Konkurrenzen und soziokulturelle Faktoren wie Ängste und Überheblichkeit sind Elemente dieses kulturellen Phänomens, das nahezu während eines jeden größeren Infektionsausbruchs zu registrieren ist.

Es entstehen zahlreiche »konzeptionelle Irrtümer« [39], die sich durch die Schwierigkeit, das Phänomen Epidemie zu verstehen, in der psychologischen Reaktion und im Umgang mit der Infektion niederschlagen. Zu diesen konzeptionellen Irrtümern zählen die Hoffnung auf eine schnelle technologische Lösung durch ein Medikament oder einen Impfstoff, simple Dichotomien wie Gesundheit vs. Wirtschaft oder die ›magische‹ Idee, der Sommer werde das Virus schon zu Verschwinden bringen.

1.3 Der Lockdown – Eine sozialwissenschaftliche Herausforderung

Sind aber gerade die Sozialwissenschaften berufen, die Frage nach der Notwendigkeit des Lockdowns zu beantworten? Auch dies wurde schon unter Hinweis auf Nicht-Zuständigkeit verneint [40]. Andere Positionen verweisen indes auf die Unzulänglichkeiten einer rein biomedizinischen Lösung für die Pandemie-Problematik. Der Wissenschaftsjournalist Ed Yong betonte etwa die immensen gesellschaftlichen Implikationen der Pandemiebewältigung, die unbedingt soziologische Lösungen erfordern würden [41]. Es sind demnach gerade die Sozialwissenschaften, die mit der Komplexität der Fragestellung und der zu beschreibenden Ursachen- und Folgenkonstellationen umgehen können müssten – zumal, wenn medizinisches und epidemiologisches Fachwissen auch noch mit im Spiel ist. Nicht von ungefähr wird ausgerechnet in der Infektionsepidemiologie auf die Notwendigkeit verwiesen, die soziologischen Implikationen von Infektionserkrankungen zu berücksichtigen [42]. Die Ausbreitung von Infektionen ist – wie noch an verschiedenen Stellen des Buchs zu zeigen sein wird – in der heutigen Zeit massiv von gesellschaftlichen Veränderungen und Bedingungen beeinflusst. Die Globalisierung spielt gegenwärtig eine Hauptrolle in der Pandemieentstehung. Das Coronavirus brauchte offenbar nur wenige Tage von Asien nach Europa, indem es die globalen Reiserouten nahm, welche die Kontinente heute deutlich schneller verbinden als noch vor wenigen Jahrzehnten. Aber auch die Bekämpfung kann nicht darauf verzichten, auf soziale Sachverhalte Rücksicht zu nehmen. Die Politisierung der Maskenverwendung sei hier nur als ein Beispiel genannt.

Aus sozialwissenschaftlicher Perspektive verweist die Frage der Notwendigkeit des Lockdowns auf eine weitere Frage: Warum haben Regierungen in aller Welt soziale Restriktionen zur Eindämmung des Coronavirus für notwendig erachtet und damit sehenden Auges die größte Rezession der Weltwirtschaft seit den 1930er-Jahren mit all ihren potenziellen Folgen in Kauf genommen? In den meisten Ländern wurden überraschende Prioritäten gesetzt, die vormals eigentlich undenkbar waren. Ökonomische Argumente, welche jahrzehntelang vor allem für Regierungen in der westlichen Welt leitend waren, wurden vom einen Tag auf den nächsten beiseitegeschoben, um die Gesundheit der Bevölkerung zu schützen.

Wenn die Notwendigkeit oder Angemessenheit des Lockdowns bewertet werden soll, drängt sich daher automatisch die Problemstellung der Alternativen auf. Wäre eine Strategie des Abwartens und Nichts-tuns möglich gewesen? Dies erscheint zunächst undenkbar, da diese Strategie sehr viele Todesopfer wissentlich in Kauf nehmen würde. Allerdings ist diese Strategie, wie noch zu zeigen sein wird, bis weit in das zwanzigste Jahrhundert hinein favorisiert worden und auch neuere Influenza/Virusgrippe-Wellen fordern nicht selten mehr als 100.000 Tote in Europa, ohne dass dies mediale oder politische Aufmerksamkeit finden würde. Undenkbar wäre diese Strategie also nicht.

Hätte man etwa die Grenzen schon Ende Januar/Anfang Februar schließen sollen, um den Import des Virus zu verhindern? Grenzschließungen machen in erster Linie einen Sinn, wenn es noch kein exponentielles Wachstum der Epidemie in einem Land gibt. Auf der Basis der chinesischen Erfahrungen wurde in sehr frühen Modellrechnungen von Forschenden der Universität Bern eine relativ hohe Infektionsgefahr für die Schweiz berechnet und vor dem Risiko einer globalen Pandemie gewarnt [43]. Mit dieser Information hätte man in der Schweiz schon Ende Januar 2020 ein relativ strenges Regime mit Grenzschließungen und Nachverfolgung von Sozialkontakten infizierter Personen umsetzen müssen – was der zuständigen Behörde, dem Bundesamt für Gesundheit BAG, angeraten wurde. Dieses Vorgehen hätte möglicherweise spätere drastische Maßnahmen verhindert [44]. Das BAG jedoch folgte diesen Empfehlungen nicht. In einigen südostasiatischen Ländern hingegen wurde diese Strategie mit Erfolg umgesetzt [45]. Inwieweit dies eine realistische Alternative für andere Länder gewesen wäre, das soll am Ende des Buchs in Kapitel 7 beantwortet werden.

Eine weitere Variante war das viel diskutierte ›Schwedische Modell‹, das auf Verhaltensempfehlungen und minimalen sozialen Restriktionen basierte [46]. Dieses Modell ist interessanterweise gerade von rechtskonservativen und rechtspopulistischen Kreisen in den Vereinigten Staaten und in Europa immer wieder ins Spiel gebracht worden [47, 48]. Die Attraktivität des Modells für die eher rechte Politik liegt im weitestgehenden Verzicht auf staatliche Interventionen. Ob es möglich gewesen wäre, diese Alternative auch in anderen Ländern zu etablieren, wird im Verlaufe des Buchs ebenfalls in Kapitel 7 beantwortet.

All diese Fragen im Zusammenhang mit Pandemie und Lockdown sind große Herausforderungen. Ausmaß und Komplexität der Pandemie und ihrer Bewältigung stellen ein erhebliches Problem dar. Bei der Pandemie und dem Lockdown handelt es sich – um einen philosophischen Begriff zu bemühen – um Hyperobjekte [49]. Ähnlich dem Klimawandel oder einer Nuklearkatastrophe sind die Infektion und ihre Eindämmung einerseits so massiv in ihren Folgen – und andererseits kaum epistemologisch, kognitiv oder sprachlich zu fassen. Nicht zuletzt aus diesem Grund handelt es sich bei diesem Buch ausdrücklich um einen Versuch, eine Antwort auf die Frage nach der Notwendigkeit des Lockdowns zu geben. Die Ausführungen beanspruchen daher weder endgültige Wahrheiten insgesamt noch abschließende Sichtweisen im Detail. Der Forschungsstand zu verschiedenen Aspekten der Pandemie und Lockdowns mehrte sich und veränderte sich während des Frühjahrs und des Frühsommers 2020 auch teilweise im Wochenrhythmus. Dieses Buch wird mit Sicherheit auch nicht das letzte Wort zum Thema gewesen sein. Gleichwohl soll mit diesen Ausführungen versucht werden, die schon länger geführte Diskussion mit der bereits angesprochenen Perspektive sozialwissenschaftlicher Komplexität anzureichern.

1.4 Methodische Vorgehensweise

Wie kann man nun vorgehen bei dieser Aufgabe? Das Buch hat einen wissenschaftlichen Anspruch. Und jede gute wissenschaftliche Publikation enthält eine Beschreibung des methodischen Vorgehens. Dieses sieht hier folgendermaßen aus: Zunächst muss das Objekt der Untersuchung genauer definiert werden. In dieser Arbeit geht es nicht um die Frage, ob Lockdowns und andere nicht-pharmakologische Interventionen überhaupt angesichts einer Epidemie notwendig sind, sondern es geht um die Situation im Frühjahr des Jahres 2020, als die meisten Länder der Welt sich für Lockdowns und andere Interventionen entschieden haben. Das Material, auf dessen Basis die Frage nach der Notwendigkeit beantwortet werden soll, ist die kaum noch zu bewältigende Flut von wissenschaftlichen Publikationen, die während der ersten Pandemie-Monate entstanden ist. Vor dem Hintergrund vorhandener empirischer Arbeiten und – in etwas geringerem Maße – theoretischer Analysen, sowie einiger Lehrbücher soll ein vorläufiger Stand zur Einschätzung gegeben werden.

Wann immer möglich, wird auf Publikationen aus referierten bzw. peer-reviewten wissenschaftlichen Zeitschriften zurückgegriffen. Unter Peer-Review wird allgemein die Begutachtung einer wissenschaftlichen Arbeit durch andere Personen mit gleicher wissenschaftlicher Expertise verstanden – dieses Vorgehen soll einen qualitativen Standard der Arbeiten sichern. Angesichts des Ausmaßes der verfügbaren Publikationen ist der ausschließliche Rückgriff auf begutachtete Forschungsarbeiten nicht immer möglich gewesen. Während der Pandemie sind die sogenannten Preprint-Server zu einem nicht zu unterschätzenden Medium für die Verbreitung von empirischen Forschungsresultaten geworden. Bei Preprint-Servern handelt es sich um Webseiten, auf denen Manuskripte, die normalerweise zur Eingabe bei Zeitschriften vorgesehen sind, ohne Qualitätsprüfung hochgeladen werden können. Der Vorteil der Publikation auf Preprint-Seiten ist die schnellstmögliche Verbreitung – nicht selten noch durch Mitteilungen in sozialen Medien wie Twitter unterstützt. Vor dem Hintergrund des sehr geringen Wissens über das Virus und seine biologischen und epidemiologischen Eigenschaften führte dies zu einem erheblichen Zeitgewinn gegenüber der üblichen

Veröffentlichungspraxis wissenschaftlicher Journale, die teilweise mehrere Monate braucht.

Diese Praxis der Preprint-Publikation ist – wie verschiedentlich schon angemerkt wurde [50] – nicht unproblematisch. Zum einen kann die Vielzahl der Arbeiten kaum überblickt werden. Noch wichtiger aber ist zum anderen, dass diesen Arbeiten gewissermaßen ein Qualitätssiegel fehlt. Wissenschaftliche Begutachtung allein ist keine Garantie für hohe Qualität, wie wir von zahlreichen zurückgezogenen Publikationen in der Vergangenheit wissen, und wie sich gerade während der Pandemie exemplarisch an dem Skandal um die Veröffentlichung im *Lancet* über das Malaria-Medikament Hydroxychloroquin und einer weiteren Arbeit im *New England Journal of Medicine* zeigte, immerhin zwei der renommiertesten wissenschaftlichen Zeitschriften in der Medizin [51]. Beide Publikationen wurden zurückgezogen.

Allerdings ist die Wahrscheinlichkeit von Aussagekraft und Relevanz peer-reviewter Arbeiten höher. Dies soll absolut kein Plädoyer gegen die Preprint-Server sein. Ich selbst habe mit diversen Teams vor und während der Pandemie ebenfalls Arbeiten auf Servern wie ›Medrxriv‹, ›Psyarxriv‹ oder ›Researchgate‹ publiziert. Und die Flut von Covid-19-Publikationen hat bei vielen Zeitschriften, wie ich selbst als Gutachter erfahren habe, zu einem beschleunigten Verfahren geführt, was möglicherweise ebenfalls der Qualität nicht unbedingt zuträglich war. Dennoch sind in diesen Verfahren viele Veröffentlichungen abgelehnt worden, was zumindest für eine gewisse Qualität der akzeptierten Artikel gegenüber Preprints bürgt. Bei Zitationen von Preprints in diesem Buch wurde in jedem Falle vorab geprüft, ob diese Arbeiten in der Zwischenzeit ›offiziell‹ publiziert worden sind und ob sich die verschiedenen Versionen substantiell unterscheiden.

Des Weiteren sind diverse seriöse journalistische Quellen genutzt worden, beispielsweise aus Print- oder Onlineausgaben von *The Atlantic*, des *Guardian*, des *Economist*, der *Financial Times*, der *New York Times*, des *New Scientist* oder auch aus deutschsprachigen Zeitschriften wie der *Neuen Zürcher Zeitung*, des *Tagesanzeiger*, der *Süddeutschen Zeitung* oder der *Frankfurter Allgemeinen Zeitung*. Der Wissenschaftsjournalismus hat während der Pandemie eine ausgesprochene Renaissance erlebt und war und ist oftmals ein unverzichtbares Übersetzungsmedium zwischen Forschung und nicht-wissenschaftlichem Publikum. Hilfreich ist auch das neue Genre des Datenjournalismus gewesen, beispielsweise das amerikanische ›COVID Tracking Project‹ der Zeitschrift *The Atlantic* [52]. Im Datenjournalismus werden statistische Quellen ausgewertet und für eine breites Publikum aufbereitet, unter anderem durch innovative Visualisierungen.

Zu den üblichen methodischen Merkmalen empirischer Veröffentlichungen gehört auch die Definition von Einschluss- und Ausschlusskriterien und die Beschreibung von Limitationen. Wie schon angedeutet, werden primär empirische Arbeiten genutzt. Ein weiteres Einschlussmerkmal ist die Fokussierung auf den globalen Norden, um einen aktuellen Begriff der Sozialwissenschaften zu benutzen. Der globale Norden ist durch eine relativ einheitliche wirtschaftliche Leistungsfähigkeit und relativ ausgeprägte demokratische Verfasstheiten gekennzeichnet. Zum globalen Norden zählen auch Länder in Ozeanien oder in Südostasien wie Südkorea. Mit Ausnahme einiger chinesischer Arbeiten, welche über den Verlauf der frühen Epidemie informieren, werden Aspekte des globalen Südens, wie die zu erwartende Armuts- oder Hungerproblematik, hier nicht bearbeitet. Abgesehen von der aktuell sich noch entfaltenden Entwicklung, bei der viele Aspekte im globalen Süden noch nicht klar ersichtlich sind, fehlen auch entsprechende empirische Arbeiten zu diesem Zeitpunkt. Wann immer möglich habe ich exemplarische Daten aus der Schweiz und aus Deutschland vorrangig in den Text eingearbeitet.

Bezüglich der Limitationen soll hier von Beginn an verdeutlicht werden, dass die nachfolgenden Ausführungen – wie schon angedeutet – eine sozialwissenschaftliche Perspektive haben. Andere Wissenschaftsdisziplinen haben vermutlich unterschiedliche Sichtweisen auf die Thematik von Pandemie und Lockdown, die hier sicher nicht angemessen berücksichtigt werden können. Eine weitere Limitation ist die Auswahl der zur Verfügung stehenden wissenschaftlichen Arbeiten und anderer Quellen. Die ebenfalls schon angedeutete immense Anzahl der Studien und Positionspapiere, welche in den Monaten seit Ausbruch der Pandemie veröffentlicht wurden, machen dies notwendig. Ich bin mir des Risikos, wichtige Arbeiten übersehen zu haben, durchaus bewusst. Eine zeitliche Limitation ist ebenfalls zu beachten. Das Manuskript wurde Anfang September 2020 abgeschlossen. Spätere Entwicklungen und neuere wissenschaftliche Arbeiten konnten nicht mehr berücksichtigt werden.

Und schließlich gehört zu den Merkmalen empirischer Arbeiten auch eine Angabe zu möglichen Interessenkonflikten. Für einen Sozialwissenschaftler, der in den letzten Jahren in der sozialpsychiatrischen, epidemiologischen und pflegewissenschaftlichen Forschung gearbeitet hat, besteht ohnehin ein nur sehr geringes Risiko, industriegesponsert zu werden. Meine Forschungsprojekte sind – wenn Drittmittel vorhanden waren – in den letzten Jahren vom Schweizerischen Nationalfonds zur Förderung der wissenschaftlichen Forschung (SNF) gefördert worden.

* * *

Mit diesem Buch sollen die komplexen Hintergründe der Lockdown-Maßnahmen analysiert und rekonstruiert werden. Zunächst erfolgt in Kapitel 2 ein Rückblick auf die Pandemiebekämpfung seit der Mitte des 20. Jahrhunderts. Dann werden in Kapitel 3 biologische und epidemiologische Dynamiken der Coronavirus-Pandemie beschrieben. Kapitel 4 wirft einen Blick auf die psychologische Perspektive des Erlebens der Pandemie und der sozialen Restriktionen. Die gesellschaftlichen Dynamiken in Medien, Wissenschaft, Politik und Wirtschaft werden in Kapitel 5 beleuchtet. Die Lockdown-Maßnahmen selbst werden in Kapitel 6 hinsichtlich ihres Umfangs und ihrer Folgen analysiert. In Kapitel 7 wird schlussendlich die Frage beantwortet, ob der Lockdown notwendig war. Damit verbunden sind Überlegungen, was aus den Fehlern vor und während der Coronavirus-Pandemie zu lernen ist. Dazu zählen auch unsere »erkenntnistheoretischen blinden Flecken« [32: 12] die wesentlich zur Unterschätzung des Potentials des neuen Coronavirus beigetragen haben. Diesen blinden Flecken müssen wir uns stellen, sollte uns mit Krankheit Y nicht das gleiche passieren wie mit Covid-19, der Krankheit X.

2. Die Vorgeschichte – Pandemiebekämpfung seit der Mitte des 20. Jahrhunderts

Es bedarf keiner großen Gabe zur Prophezeiung, um vorherzusehen, dass die Coronavirus-Pandemie und die weltweiten Lockdown-Maßnahmen zukünftig in ähnlichen historischen Kategorien wie der Zusammenbruch des Ostblocks Ende der 1980er-Jahre, die Terrorattacken des 11. September 2001 oder die Finanzmarktkrise von 2007/2008 betrachtet werden. Die globale Dimension des Infektionsausbruchs, der Bekämpfungsmaßnahmen und der Folgen sind insofern erstmalig und einzigartig, als frühere Pandemien kaum eine derartige Beachtung in Medien, Politik und Wissenschaft erhalten haben. Daher versucht dieses Kapitel zunächst die Fragen zu beantworten, wie und warum früheren Pandemien und Epidemien mit deutlich geringerer Aufmerksamkeit in der Öffentlichkeit, in den Medien, aber auch in Wissenschaft und Politik begegnet wurde, als dies im Frühjahr 2020 der Fall gewesen ist.

Diese Fragen sind auch insofern von Interesse, als aus dem Lager der Lockdown-Skepsis, etwa in Großbritannien, während der Pandemie im Frühjahr 2020 empfohlen wurde, sich den früheren Umgang mit einer Infektion zu eigen zu machen. Coolness und britischer Stoizismus wie in den 1950er-Jahren seien Handlungsmodelle, an denen sich auch heutige Regierungen orientieren sollten. Zudem würde dies autonom entscheidenden Menschen gerade in der westlichen Welt entgegenkommen, die sich nicht gern bevormunden lassen wollten [53]. Und in der Tat hatten einige Beobachtende den Eindruck, die britische Regierung folge in den ersten Wochen der Pandemie dem viktorianischen Durchhalte-Appell der steifen Oberlippe (engl. *stiff upper lip*) [54]. Ganz ähnlich tönte es aus konservativen Kreisen in den Vereinigten Staaten. In den 1950er-Jahren sei die Bevölkerung widerstandsfähiger gewesen, hätte dem Gruppendruck nicht so leicht nachgegeben und sich verpflichtet gefühlt, zur Arbeit zu gehen und die Hände zu waschen [55].

Anschließend an diese historische Rückblende auf die Jahrzehnte vor der Coronavirus-Pandemie wird das Konzept der ›Neuen und neu auftretenden Infektionserkrankungen‹ erläutert und eine Übersicht über nicht-pharmakologische Interventionen bei Infektionsausbrüchen geliefert. Dies soll den Stand der Forschung vor der aktuellen Pandemie transparent machen. Sodann wird ein Blick auf die Prävention von Pandemien sowie die Pandemieplanung insgesamt geworfen. Das Risiko, einen solchen Infektionsausbruch zu erleben, war in Fachkreisen und auch in Teilen der Politik durchaus bekannt. Allerdings hatte bis Ende 2019 kaum ein Staat die notwendigen Schritte der Pandemieplanung umgesetzt. Und auch hier versuchen die Ausführungen wieder die Frage nach den Ursachen zu beantworten. Abschließend werden die sich wandelnden Einstellungen der Bevölkerung gegenüber Epidemien und den Umgang mit ihnen näher analysiert.

2.1   Virusepidemien und -pandemien seit 1950

Die weltweit größte Pandemie des 20. Jahrhunderts und des 21. Jahrhunderts war die so genannte ›Spanische Grippe‹ nach dem Ende des Ersten Weltkriegs. Sie forderte mehr Todesopfer als der Krieg selbst. Doch auch nach dem Zweiten Weltkrieg entwickelten sich eine Reihe von Virusinfektionen mit vielen Sterbefällen. Der nachfolgenden Tabelle sind zentrale Angaben über die bekannten Virusepidemien und Pandemien der letzten Jahrzehnte zu entnehmen.

Tabelle 1: Virusepidemien und -pandemien nach 1950, Quellen: [56, 57]

Name	Zeitpunkt	Geographie	Infektionen	Todesfälle
Asiatische Influenza	1957-1959	Weltweit	Unbekannt	1-2 Millionen
Hongkong Influenza	1968-1969	Weltweit	Unbekannt	Ca. 2 Millionen
HIV/AIDS	1960 bis heute	Weltweit (primär Afrika)	Ca. 70 Millionen	Ca. 35 Millionen
SARS	2002-2003	37 Länder	8000	774
Schweinegrippe	2009	Weltweit	Unbekannt	284.000
MERS	2012 bis heute	Arabische Halbinsel	2.500	850
Ebola	2014-2016	Westafrika	28.600	11.300
Dengue-Fieber	Unbekannt/bis heute	Südhalbkugel	390 Millionen jährlich	22.000 jährlich

Einer empirischen Analyse zufolge werden in den letzten Jahrzehnten immer häufiger Ausbrüche von Infektionserkrankungen entdeckt [58]. Dies betrifft alle Infektionsformen, also sowohl bakterielle Infektionen, Pilzinfektionen, Protozoeninfektionen (Parasiten und Würmer), aber eben auch Virusinfektionen. Und unter den Virusinfektionen werden immer mehr der so genannten Zoonosen entdeckt, dies sind Infektionen, welche die Artenbarriere zwischen Tier und Mensch überspringen können, wie es im Fall des neuartigen Coronavirus der Fall war. Diese Erkenntnisse sind jedoch relativ jung. Zu Beginn der zweiten Hälfte des 20. Jahrhunderts herrschte ein weit verbreiteter anderer Zeitgeist, der vom Gegenteil dessen überzeugt war – nämlich von der Überwindung der Infektionskrankheiten.

2.2 Influenzapandemien der 1950er- und 1960er-Jahre

Nach dem Ende des Zweiten Weltkriegs entstand in vielen Bereichen des gesellschaftlichen Lebens der entwickelten Länder, aber auch der sich entwickelnden Länder eine Aufbruchsstimmung mit großem Optimismus. Bezüglich Infektionserkrankungen war man seinerzeit sowohl in der Wissenschaft als auch in der Politik überzeugt, man könne diese endgültig hinter sich lassen. In diesem Zusammenhang hat die Geschichtsforschung von einem »Zeitalter der Ausrottung« gesprochen [59: 385]. Der Optimismus war nicht allein im medizinischen Sektor zu spüren. In der Soziologie und in der Politikwissenschaft wurden so genannte Modernisierungstheorien entwickelt, die sich beispielsweise überzeugt gaben, dass mit der gesellschaftlichen Entwicklung Probleme wie ethnische Konflikte oder Nationalismus quasi automatisch verschwinden würden [60].

Möglicherweise lag es an diesem weit verbreiteten Optimismus, möglicherweise aber auch an traditionellen Einstellungen gegenüber Infektionserkrankungen, Leiden und Tod, dass sich die beiden großen Influenzapandemien Ende der 1950er- und Ende der 1960er-Jahre im historisch-gesellschaftlichen Gedächtnis der Gegenwart gar nicht wiederfinden. Offenbar erhielten derartige Epidemien in der Wahrnehmung der damaligen Bevölkerung keine besondere Aufmerksamkeit. In den deutschen Rundfunkarchiven findet sich lediglich ein einziger Beitrag hierzu [61]. Und auch ein Blick in neuere sozialgeschichtliche Übersichtsarbeiten [62, 63] erzeugt keinerlei Hinweise, dass diese Infektionserkrankungen nur annähernd Spuren in der Wirtschaft oder anderen gesellschaftlichen Bereichen hinterlassen haben. Dieses Fehlen von aufgezeichneten Nachwirkungen und die Differenz zu der jetzigen Situation sind aus sozialwissenschaftlicher Perspektive äußerst interessant und gibt zu einer Spurensuche Anlass.

Im Februar 1957 wurde in China ein neues Influenza-Virus entdeckt, das sich über Hongkong und weitere asiatische Regionen bis zum Sommer des Jahres in die Vereinigten Staaten und Europa und anschließend weiter in Südamerika und Afrika verbreitete [64]. Allein in Hongkong infizierten sich über 250.000 Menschen und aus Indien wurden eine Million Infektionen berichtet. In Großbritannien wurde die Anzahl infizierter Menschen auf über 9 Millionen geschätzt [65]. Überwiegend infizierten sich und erkrankten junge Menschen, wie es oftmals bei Grippeinfektionen in früheren Jahrzehnten der Fall gewesen ist [66]. Vermutlich hatten ältere Menschen zu dieser Zeit eine gewisse Immunität durch frühere Infektionen erworben [67]. In vielen Ländern wurden daraufhin einzelne Schulen geschlossen. Die Anzahl der Todesopfer betrug nach seinerzeitigen Schätzungen in Deutschland ungefähr 50.000. Allerdings ist nur bei sehr wenigen Opfern das Virus auch nachgewiesen worden [68]. Die Übersterblichkeit, also die Anzahl der Menschen, die zu einer größeren Anzahl starben als zu erwarten war, betrug nach neuen Modellrechnungen weltweit ungefähr 1,1 Millionen Sterbefälle [69]. Die ökonomischen Folgen waren, beispielsweise in den Vereinigten Staaten, zu vernachlässigen. Weder der Ausfall von Personal, der in Teilen nicht gering war, noch die weiteren wirtschaftlichen Konsequenzen machten sich in einer Weise bemerkbar, die sich von üblichen Konjunkturschwankungen unterschieden [64].

In der Medizingeschichte der westlichen Welt sind nur wenige Untersuchungen zu dieser Pandemie vorhanden. Bemerkenswert ist in allen verfügbaren Beiträgen der Hinweis, dass die Öffentlichkeit und die Behörden nur wenig Anstrengungen unternommen haben, die Verbreitung des Virus zu verhindern [70]. Nicht-pharmakologische Maßnahmen wie Schulschließungen, Quarantäne, Gesichtsmasken oder das Distanzhalten wurden nur sporadisch empfohlen und angewendet [64]. Es war eine »Pandemie ohne Drama«, wie ein Historiker später berichtete [68]. Dagegen wurde vor allem im angelsächsischen Raum auf die Schutzimpfung gesetzt, während in Westdeutschland diese eher abgelehnt wurde und stattdessen die Chinin-Prophylaxe propagiert wurde. Chinin, das in geringen Mengen in Tonic Water enthalten ist, soll fiebersenkend wirken und Muskelkrämpfen vorbeugen. Die gleiche Rolle wie Chinin in Deutschland spielte offenbar seinerzeit Aspirin in Großbritannien [65]. Allerdings waren die Impfbemühungen in vielen Ländern wenig erfolgreich, da die Entwicklung und Verbreitung des Vakzins zu lange brauchten, um effektiv wirken zu können. Insgesamt war es eine schnell vorüber gehende Störung im gesellschaftlichen Leben, deren Opfer man gewissermaßen hinnahm.

Im Grundsatz hatte dieser Zustand auch noch ein Jahrzehnt später Bestand, während der so genannten Hongkong-Grippe der Jahre 1968 bis 1970. Diese Influenza entstand vermutlich wiederum in China und wurde von Asien heraus vermutlich durch zurückkehrende Vietnam-Veteranen der US-Armee dann auf andere Kontinente weiterverbreitet. Erneut wurden insbesondere jüngere Menschen infiziert und die Anzahl der Todesopfer war, trotz eines milderen Krankheitsverlaufs, ähnlich hoch wie in den 1950er-Jahren. Vermutlich sind jedoch mehr Menschen infiziert worden. Die Pandemie zog in mehreren Wellen bis in das Jahr 1970 hinein über den Globus [71].

Während in der früheren DDR versucht wurde, entsprechend der bekannten Muster mit einem Plan gegen die Influenza vorzugehen, der unter anderem auch die Impfung enthielt, war man in Westdeutschland – wo die Influenza auch ›Mao-Grippe‹ genannt wurde – in der Pandemiebekämpfung nur wenig weiter gekommen als in den Jahren zuvor. Nicht zuletzt aus ideologischen Gründen wurde es in der früheren Bundesrepublik abgelehnt, mit einem Plan gegen die Grippe vorzugehen. ›Plan‹ klang seinerzeit schon relativ stark nach Sozialismus. Wenn sich Teile der Bevölkerung über überbelegte Kliniken und nicht ausreichende Behandlungskapazitäten beschwerten, dann wurde von der konservativen Gesundheitspolitik ein »Verlust an traditionellen Werten« beklagt und darauf verwiesen, dass »... die Bevölkerung durch übertriebene Publikationen (z. B. auch in Illustrierten) in der Sorge um die Gesundheit bestärkt« werde [72].

Mein Vater als Zeitzeuge hat mir berichtet, er sei im Jahr 1968 erst- und letztmalig schwer an einer Grippe erkrankt und habe zwei Wochen zu Bett gelegen, genauso wie mein Großvater. Ernsthafte Sorgen habe man sich nicht gemacht und Maßnahmen von Seiten der Behörden seien nicht unternommen worden. Wenn Menschen an der Grippe verstarben, sei das ohne besondere Aufmerksamkeit zur Kenntnis genommen worden, es gehörte in gewisser Weise zur Normalität, dass so etwas passieren könne. Epidemien, das machen diese Bemerkungen deutlich, sind bis weit in das 20. Jahrhundert hinein als Schicksal betrachtet worden und der Tod war für viele religiös geprägte Menschen ohnehin ›Gottes Wille‹. Als »geduldiges Ausharren« hat ein Historiker den Umgang mit den Grippeerkrankungen dieser Zeit beschrieben [73].

2.3 Neue und erneut auftretende Infektionserkrankungen

Der oben angedeutete Optimismus, Infektionserkrankungen ausrotten zu können, war in gewisser Hinsicht nicht vollkommen aus der Luft gegriffen. Es gibt belastbare Daten dafür, dass steigender Wohlstand und Urbanisierung in der Tat in vielen Ländern Infektionskrankheiten seltener und weniger gravierend haben werden lassen [74]. Mit der zunehmenden Lebenserwartung im globalen Norden und in Teilen des globalen Südens traten außerdem neue Krankheiten in Erscheinung, welche das Erkrankungs- und Sterblichkeitsgeschehen dominierten. Gemeint sind die so genannten nicht-übertragbaren Krankheiten wie Herz-Kreislaufprobleme, Krebs oder Diabetes. In weiten Teilen der Gesundheitsforschung und -politik war man ab den 1970er-Jahren davon überzeugt, einen »epidemiologischen Übergang« zu erleben. Auf das Zeitalter der Infektionen, so wurde erwartet, folge das Zeitalter der degenerativen und menschengemachten Krankheiten [75].

So richtig die Beobachtung hinsichtlich der nicht-übertragbaren Krankheiten war, so falsch lag man bezüglich der Infektionen; diese verschwanden nicht. Allerdings änderte sich ab Mitte der 1970er-Jahre allmählich die Bekämpfungspolitik gegenüber Influenzaepidemien. Bereits in Kapitel 1 ist der Ausbruch einer von Schweinen stammenden Influenza auf einem US-amerikanischen Militärgelände im Jahr 1976 beschrieben worden. Als Reaktion auf diesen Ausbruch, der nur wenige Menschen infizierte und noch weniger Todesfälle hervorbrachte, wurden mehrere Millionen Menschen geimpft, was die *New York Times* seinerzeit zu der Überschrift »Schweinegrippen-Fiasko« veranlasste [37: 45]. Die schlimmsten Befürchtungen und die massive Reaktion wurden ausgelöst durch die zuvor unbekannte Mensch-zu-Mensch-Übertragung des aus dem Tierreich stammenden Virus, die genetische Ähnlichkeit zum Virus der Spanischen Grippe und der Verfügbarkeit technologischer Mittel zur Impfstoffherstellung [76]. Und bei allen Gemeinsamkeiten und Erfahrungen aus früheren Influenza-Epidemien, wuchs langsam die Erkenntnis, »...dass keine zwei Pandemien der modernen Zeit sich exakt gleichen, und dass diese Unterschiede ebenso lehrreich sind wie die Ähnlichkeiten.« [76: 1226]

Und dann kam AIDS, bestätigte genau diese Vermutung und veränderte doch alles. Ab Anfang der 1980er-Jahre infizierten sich und erkrankten Millionen Menschen in allen Teilen der Welt am HI-Virus (engl. *Human Immunodeficiency Virus*), das zuvor vollkommen unbekannt war. Die erworbene Immunschwäche (engl. *Acquired Immune Deficiency Syndrome*) brachte ebenfalls für Millionen Menschen den Tod, vor allem in Afrika. Im globalen Norden waren überwiegend homosexuelle Männer betroffen sowie Menschen, die Drogen intravenös konsumierten. Außerdem betraf es Menschen, die unter der Bluterkrankheit litten und verseuchte Blutersatzpräparate erhalten hatten. Das HI-Virus wird in erster Linie durch Körperflüssigkeiten wie Blut, Sperma oder Vaginalsekret übertragen.

In Afrika waren das Virus und seine Vorgänger vermutlich schon seit den 1960er-Jahren aktiv, nachdem es wahrscheinlich von Schimpansen auf den Menschen übertragen wurde. Anders als im globalen Norden war hier – und ist bis heute – insbesondere die heterosexuelle Bevölkerung betroffen, wodurch Millionen Kinder ohne einen oder beide Elternteile aufwachsen mussten. Verheerend waren die Folgen vor allem im Staat Südafrika, wo sich die Regierung lange weigerte, das Virus als Ursache zu akzeptieren, entsprechende Gelder sperrte und damit die möglichen Behandlungsoptionen versperrte. Auf dem Höhepunkt der Epidemie im Land starben allein im Jahr 2006 fast 350.000 Menschen an und mit AIDS [59: 428].

Das »Zeitalter der Hybris« [59: 448] sowie der »Überoptimismus und die Nachlässigkeit« [77] gegenüber Infektionserkrankungen waren damit vorüber. Mit solch einer wuchtigen Rückkehr von Viruspandemien hatten selbst Fachkreise nicht gerechnet. Der Infektionsbiologe und Nobelpreisträger Joshua Lederberg schrieb im Jahr 1988, dass seine pessimistischsten Vorstellungen vom Verlauf der AIDS-Pandemie übertroffen wurden, und dies, obwohl er immer ein Warner gewesen sei, dessen Mahnungen über Jahrzehnte hinweg nicht ernst genommen wurden [78: 356]. Lederberg gehörte wenig später auch zu den Forschenden, welche den Begriff der ›Neuen und neu auftretenden Erkrankungen‹ (engl. *Emerging and Reemerging Diseases*) prägten [79]. Die gesellschaftliche Modernisierung, so die Argumentation, habe nicht nur positiv hinsichtlich bestimmter Infektionserkrankungen gewirkt, sie habe mit der Globalisierung und der Bevölkerungsexplosion auch den Boden für die neuen Erkrankungen bereitet.

Mit AIDS entwickelte sich im globalen Norden eine neue Form von Infektionskontrolle und -prävention. Da Behandlungsoptionen über lange Jahre nicht zur Verfügung standen und ein Impfstoff trotz jahrzehntelanger Forschung bis heute nicht existiert, wurden vor allem die oben bereits angedeuteten nicht-pharmakologische Interventionen eingesetzt [80]. Dazu zählen unter anderem allgemeine sowie milieuspezifische Aufklärungs- und Präventionskampagnen, die Abgabe von Kondomen und Spritzbestecken sowie die Überwachung der Infektionswege. Diese Maßnahmen haben zusammen mit der heute verfügbaren antiviralen Medikation und weiteren Interventionen zu einer deutlichen Eindämmung der HIV-Pandemie geführt.

2.4 Nicht-pharmakologische Interventionen

Die Bekämpfung von Virus-Epidemien und -Pandemien ist bis heute im Wesentlichen auf Methoden angewiesen, welche schon vor vielen Jahrhunderten entwickelt wurden. Solche nicht-pharmakologischen Maßnahmen wie die Isolation sind in Ansätzen schon im Alten Testament der Bibel beschrieben worden [81]. Während der mittelalterlichen Pestausbrüche, die bis zu einem Drittel der europäischen Bevölkerung das Leben kostete, sind in vielen Regionen Quarantänemaßnahmen verhängt worden, wodurch der Kontakt von Reisenden mit der lokalen Bevölkerung beschränkt wurde.

Wie notwendig dies noch in der Gegenwart ist, zeigte bereits der SARS-Ausbruch (SARS: Schwere akute Atemwegserkrankung; engl. *Severe Acute Re-*

spiratory Syndrome) Anfang der 2000er-Jahre. Im November 2002 wurden in Ostasien vormals unbekannte Atemwegserkrankungen auf der Basis des Vorgängers des neuen Coronavirus entdeckt. Dieser Ausbruch hatte sehr viele Ähnlichkeiten mit der Infektionsepidemie im Jahr 2020 [59, 82]:

- es handelte sich um ein neues und bis anhin unbekanntes Coronavirus aus dem Tierreich (vermutlich Katzen),
- der Ausbruch erfolgte in China,
- es gab Superspreading-Vorfälle (Ereignisse, bei denen wenige Personen viele andere infizierten),
- es verbreitete sich relativ schnell über den internationalen Flugverkehr zwischen Metropolen,
- die Übertragung erfolgte über Atemwege,
- die Krankheitssymptome ähnelten denen einer Erkältung oder einer Influenza,
- in schweren Verläufen entwickelte sich eine untypische Lungenentzündung,
- es hatte eine Inkubationszeit ohne Symptome von mehreren Tagen,
- es gab eine massive mediale Aufmerksamkeit,
- es gab erhebliche wirtschaftliche Folgen in den Bereichen Gastronomie und Tourismus der betroffenen Länder.

Es gab jedoch auch erhebliche epidemiologische Unterschiede. SARS führte zum Tod von ungefähr 10 Prozent der infizierten Personen (Fallsterblichkeit); bei Covid-19 liegt die Fallsterblichkeit deutlich niedriger. Die Verbreitung erfolgte in vielen Fällen in Gesundheitseinrichtungen. Da sich die SARS-Infektion in der Bevölkerung trotz des Vorkommens in fast 30 Ländern nur gering ausbreitete, verstarben vergleichsweise wenige Menschen an der Krankheit, nämlich knapp 800. Betroffen war überwiegend Südostasien mit den Regionen China, Hongkong, Taiwan und Singapur. In Nordamerika traf es insbesondere das kanadische Toronto. In Deutschland infizierten sich neun Personen, in der Schweiz eine Person; alle zehn Personen überlebten die Erkrankung [83: 186].

Die Epidemie wurde – anders als beim neuen Coronavirus – innerhalb weniger Monate vollkommen eingedämmt. Bereits im Juli 2003 wurde sie offiziell für beendet erklärt. Dieser Umstand ist umso erstaunlicher, als lokale und nationale Behörden in China über längere Zeit versuchten, den Ausbruch zu verschleiern. Mit Ausnahme von offiziellen Stellungnahmen, dass alles unter Kontrolle sei, wurde Tageszeitungen verboten, über das Geschehen zu berichten [84]. Erst im April 2003 wurde im Land offen gegen die Epidemie mobilisiert und wenige Monate später war der Ausbruch vorüber. Wieso sich das SARS-Coronavirus letztlich nicht weiter verbreitete, ist bis heute nicht im Detail bekannt. Offenbar schwächte sich das Virus mit der Zeit ab, was den Verantwortlichen der Weltgesundheitsorganisation WHO veranlasste, als erste Lektion, die aus dem Ausbruch zu lernen war, Folgendes zu bemerken: »Wir haben diesmal Glück gehabt.« [83: 243] Darüber hinaus jedoch waren Methoden des 19. Jahrhunderts entscheidend, so die Weltgesundheitsorganisation: Nachverfolgung von Kontakten, Quarantäne und Isolation.

In Hongkong wurde im Rahmen der Infektionsbekämpfung ein Wohnblock unter Lockdown gestellt. Es waren Szenen, wie wir sie jetzt aus dem Frühjahr 2020 kennen: Menschen in Schutzkleidung und Polizeikräfte mit chirurgischen Masken riegelten den Wohnkomplex ab. Niemand durfte das Areal betreten oder verlassen. Die Maßnahmen erhielten eine sehr große Medienaufmerksamkeit. Bilder gingen um die Welt, die zuvor nie gesehen wurden. Neben dem Lockdown im engeren Sinne sind Schulen geschlossen worden und es gab Reisewarnungen. Für Hongkong war es das erste Mal in der Geschichte, und man hoffte seinerzeit, es möge das letzte Mal gewesen sein. Der Ausbruch hatte einen immensen wirtschaftlichen Schaden zur Folge und das Image von Hongkong litt über mehrere Jahre hinweg. Die wirtschaftlichen Folgen waren in vielen Regionen Südostasiens noch lange zu spüren, hinzu kamen psychosoziale Konsequenzen aus Angst vor der Infektion sowie durch Quarantäne und Isolation mehrerer zehntausend Menschen.

Wenige Jahre zuvor hatte die WHO ein ›Globales Alarm- und Bekämpfungsnetzwerk für Ausbrüche‹ (GOARN; engl. *Global Outbreak Alert and Response Network*) etabliert, das verschiedene staatliche und nicht-staatliche Institutionen umfasste. Während der SARS-Epidemie machte sich dies erstmalig bezahlt. Es kam es zu einer schnellen Kollaboration verschiedener wissenschaftlicher Disziplinen wie Virologie, Mikrobiologie, Epidemiologie und Public Health. Ein Ergebnis dieser Zusammenarbeit waren statistische Modellierungsstudien, welche verschiedene Eindämmungsstrategien auf ihre Wirksamkeit hin analysierten. Noch bevor die Epidemie beendet war, existierten die ersten Publikationen [z.B.: 85]. Die »ziemlich drakonischen Maßnahmen«, welche seinerzeit in westlichen Ländern für nicht umsetzbar gehalten wurden, erzielten insgesamt die erwünschte Wirkung [86: 1104]. SARS hatte, wie ein Beobachter später schrieb, »einen neuen aggressiven Geist« in der Virologie geweckt [87: 130]. Während man zur Zeit der vorherigen großen

2. Die Vorgeschichte

Pandemien der 1950er- und 1960er-Jahre lediglich zugeschaut und Daten gesammelt hätte, sei man nun nicht mehr länger gewillt, dem Geschehen passiv zu folgen. SARS sei eine Schlacht gewesen.

SARS war eingedämmt worden, die Infektionsforschung machte sich jedoch insgesamt mehr Sorgen um virale Grippepandemien, die bekanntlich relativ häufig aufgetreten sind und auch im neuen Jahrtausend weiter auftraten. Die WHO veröffentlichte in der Folge eine Zusammenstellung nichtpharmakologischer Interventionen für Influenza-Pandemien [88]. Diese umfasste das Arsenal der weit gefassten Lockdown-Maßnahmen, das für die meisten Menschen vor dem Jahr 2020 nicht bekannt war:

- Isolation und Quarantäne,
- Schließung von Einrichtungen wie Heimen und Sammelunterkünften,
- Soziale Distanz,
- Vermeidung des Aufenthalts in größeren Gruppen,
- Schließung von Schulen und Einrichtungen zur Kinderbetreuung,
- Reisebeschränkungen,
- Gesichtsmasken beim Aufenthalt in der Öffentlichkeit,
- Handhygiene, Händewaschen und Desinfektion.

Allerdings waren Mitte der 2000er-Jahre nicht viele Verantwortliche im Gesundheitswesen und in der Politik von der Umsetzbarkeit überzeugt [89]. Die oben aufgeführten Maßnahmen wurden quasi separat voneinander betrachtet und bewertet. Eine kritische Position in den Vereinigten Staaten bemerkte beispielsweise, dass Schulschließungen erhebliche Folgen für die Eltern sowie ihre Firmen zur Folge hätten und dies kaum gelöst werden könnte [90]. Ganz grundsätzlich wurde empfohlen, die gesellschaftlichen Routine so wenig wie möglich zu unterbrechen: »Die Erfahrung hat gezeigt, dass die Bevölkerung, die eine Epidemie bewältigen muss, am besten und mit der geringsten Angst damit umgehen kann, wenn die normalen sozialen Funktionen so wenig wie möglich unterbrochen werden.« [90: 373]

Auf der anderen Seite dieser Position standen Verantwortliche, die sich mit den seinerzeit aktuellen Bedrohungen wie Bioterrorismus (z.B. den Anthraxattacken wenige Tage nach dem 11. September 2001) oder der asiatischen Vogelgrippe im Jahr 2005 auseinandersetzen mussten. Diese andere Position, die nach Medienberichten vom damaligen Präsident G.W. Bush gestützt wurde, erzeugte historische Evidenz mit Daten aus der Zeit der Spanischen Grippe, dass Schul-, Kirch- und Theaterschließungen sowie Quarantäne- und

Isolationsmaßnahmen in vielen amerikanischen Städten zu erheblich geringeren Todeszahlen geführt hatten [91, 92]. Mitte der 2000-er Jahre wurde auch das *Social Distancing* erstmalig im Rahmen einer Modellierungsstudie auf seine Wirksamkeit hin analysiert [93]. Damit war im Grunde die wissenschaftliche Basis für die im Jahr 2020 eingeführten umfassenden Lockdown-Maßnahmen gelegt. Wissenschaftlich gesehen, sind diese sozialen Restriktionen also noch gar nicht so alt, zumindest in systematischer Hinsicht. Anekdotisch ist vieles hingegen seit Jahrhunderten bekannt.

Teile dieser Maßnahmen wurden während nachfolgender Influenzaausbrüche wie der aus Mexiko stammenden Schweinegrippe-Pandemie im Jahr 2009 umgesetzt [94], bei der schätzungsweise bis zu 200.000 Menschen weltweit zu Tode kamen [95]. Zu dieser Zeit war es aufgrund technologischer und methodischer Innovationen erstmals möglich, die Epidemie in Echtzeit zu beobachten und zukünftige Entwicklungen zu prognostizieren [96]. Diese Fortschritte halfen jedoch wenig in der Prävention der Entstehung von Pandemien. Zunehmend wurde in der Forschungs-Community deutlich, wie wenig die Weltgemeinschaft auf Infektionen tierischen Ursprungs vorbereitet war. Nach der Influenza-Pandemie kamen Forschende im Jahr 2012 zu folgender Zusammenfassung der Problematik: »Das schnelle Wirtschaftswachstum in vielen sich entwickelnden Regionen hat zu einer erhöhten Nachfrage nach tierischem Eiweiß, beispielsweise von Schweinen, geführt. Eine Vielzahl von Schweinen und anderen Tieren wird mit Antibiotika-behandeltem Futter unter überfüllten Bedingungen aufgezogen. Unzureichende Sicherheitsmaßnahmen erlauben das Überspringen neuer Influenzaviren oder Medikamenten-resistenter Bakterien vom Schwein auf den Menschen. Die mögliche Kombination von Influenza und Antibiotika-resistenter bakterieller Infektionen könnte sich als desaströs in zukünftigen Pandemien herausstellen.« [94: 250]

2.5 Epidemie- und Pandemieplanung

Wie also stand es um die Vorbereitung und Planung auf Epidemien und Pandemien gegen Ende der 2010er-Jahre? Die meisten Länder im globalen Norden verfügten seit Jahren über Pandemiepläne, so etwa ausgearbeitet zuletzt im Jahr 2018 vom Bundesamt für Gesundheit in der Schweiz [97] oder im Jahr 2016 vom Robert-Koch-Institut in Deutschland [98]. Diese Pläne sind vorrangig für Influenza-Epidemien ausgelegt und werden regelmäßig überarbeitet. Im Oktober 2019 veröffentlichte eine internationale Initiative den ›Globalen Gesundheits- und Sicherheits-Index‹ (*Global Health Security Index*) [99]. In diesem Bericht wurden die Vorbereitung und Planung auf Epidemien und Pandemien in 195 Staaten untersucht. Und als hätten die Verfasserinnen und Verfasser die Pandemie wenige Wochen später vorhergesehen, kamen sie zu dem Schluss, dass kein Land der Welt umfassend für den Umgang mit diesen Gesundheitsrisiken vorbereitet ist. Aber völlig konträr zu den späteren Ereignissen schnitten die Vereinigten Staaten im Ranking der Länder insgesamt und in den meisten Teilbereichen am besten ab, gefolgt von Großbritannien. Die Schweiz rangierte auf Platz 13, Deutschland einen Rang dahinter.

Kurz vor der Veröffentlichung dieses Berichts hatte der Ausbruch der Spanischen Grippe vor gut 100 Jahren einen historisch-wissenschaftlichen Anlass gegeben, sich dieser Thematik ebenfalls zu widmen [100, 101]. Allgemein wurde bezüglich der Influenza anerkannt, dass sich insbesondere im globalen Norden die technologischen Optionen in den letzten Jahrzehnten deutlich verbessert hatten [102]. Dies galt vor allem für die Herstellung von Impfstoffen und diagnostischen Substanzen. Demgegenüber standen die Potenziale der öffentlichen Gesundheitsvorsorge wie die Überwachung von Infektionsketten relativ schlecht da. In vielen Ländern des globalen Nordens wurde die Vernachlässigung dieses Teils der Pandemievorbereitung in Frühjahr 2020 deutlich bewusst. Es existierten kaum entsprechende Personal-Ressourcen und Schulungsmaterialien. Mitarbeitende aus anderen Bereichen der öffentlichen Verwaltung mussten schnell rekrutiert und eingewiesen werden. Es gibt empirische Hinweise, die zeigen, dass – wenn effektiv vorhanden – solche Maßnahmen zielführender sind als eine umfassende Quarantäne [103]. Einige Staaten in Südostasien haben diese Interventionen während der Coronavirus-Pandemie mit Erfolg praktiziert, wie im Kapitel 6 noch ausführlicher beschrieben wird. Allerdings setzt das ›Contact Tracing‹ mehrere Aspekte voraus, um wirken zu können. Dazu gehören etwa eine längere Inkubationszeit sowie die Implementierung dieser Maßnahmen unmittelbar nach Infektionsausbruch, um die Infektionsketten von Beginn an nicht außer Kontrolle geraten zu lassen. Bei einer sehr kurzen Inkubationszeit (wie es häufig bei der Influenza der Fall ist) wird die Bevölkerung relativ rasch verbreitet infiziert, so dass Eindämmungsversuche praktisch fehlschlagen, weshalb zumeist auf technologische Lösungen wie Impfungen gesetzt wird. Des Weiteren, so hat eine Modellierungsstudie gezeigt, ist entscheidend, wie viele Kontakte tatsächlich identifiziert werden und wie schnell das Testen bei potenziell Infizierten stattfindet [104]. Schließlich sind auch die Einhaltung bzw. die Überwachung der Quarantäne und Isolation bedeutend, wie verschiedentlich während der Pandemie klar wurde.

Aus heutiger Sicht ist bemerkenswert, dass sich die Forschungs-, Planungs- und Richtlinien-Literatur bis kurz vor die Coronavirus-Pandemie nahezu ausschließlich auf Influenzaviren bezogen. Es ist daher auch wenig verwunderlich, wenn die Pandemieplanung einen deutlichen Schwerpunkt auf Impfstoffentwicklung und -verabreichung sowie der damit einher gehende Kommunikation hat [105]. Genauso wenig verwunderlich ist, dass man – beispielsweise in der Schweiz – die Pandemieplanung nur bedingt auf die neue Coronavirus-Pandemie anwenden konnte [106].

Nicht-Influenza-Viren finden in den deutschen und schweizerischen Pandemieplanungen nur am Rande Erwähnung. Diese Vernachlässigung anderer Viren, welche die Tier-Mensch-Barriere überspringen können, machte sich jedoch bereits im Zusammenhang mit SARS bemerkbar und sollte bei der Ebola-Epidemie fatale Konsequenzen haben. Das Ebolavirus ist seit den 1970er-Jahren aktiv ist und führte im Jahr 2014 zu einem massiven Infektionsausbruch in den westafrikanischen Ländern Guinea, Liberia und Sierra Leone. Das Virus – benannt nach einem kongolesischen Fluss – ist vermutlich von Fledermäusen und Flughunden und möglicherweise über weitere Tierarten irgendwann auf Menschen übertragen worden. Die menschliche Infektion erfolgt über Körperkontakt und Körperflüssigkeiten. Hohes Fieber und damit einhergehende Blutungen (hämorrhagisches Fieber) führen in vielen tausend Fällen zum Tod. Die Fallsterblichkeit lag in den meisten Ländern bei über 80 Prozent [107].

Die Ebola-Epidemie legte für die Region Westafrika, aber für auch die internationale Gemeinschaft und insbesondere für die Weltgesundheitsorganisation die massiven Mängel in der Einschätzung, Planung und Bekämpfung bloß. Das epidemiologische Risiko wurde aufgrund früherer Erfahrungen mit kleineren Ausbrüchen vollkommen unterschätzt. Hinzu kam, dass die WHO viele Monate brauchte, um eine adäquate Strategie zu entwickeln [35]. Die Gründe hierfür waren vielfältig. Sie hatten mit der Struktur der Organisation zu tun [37], aber auch mit sozialen Veränderungen und dem Widerstand gegen sozialen Wandel in der Region. Kulturelle Praktiken wie Bestattungsrituale waren oftmals mit Infektionsübertragungen verbunden, genauso wie der Verzehr bestimmter Tierarten. Zudem hatte die Mobilität zwischenzeitlich deutlich zugenommen und gleichzeitig bestand in der Bevölkerung eine tiefe Skepsis gegenüber Hilfsorganisationen wie *Médecins sans Frontières*, die über Jahre hinweg als einzige Organisation versuchten, bestimmte Praktiken zu ändern [32].

Die nächste Viruspandemie, in Fachkreisen »The Big One« [108] genannt, kann sowohl durch ein Influenza-Virus ausgelöst werden als auch durch ein Coronavirus oder ein ganz anderes. Vor diesen Gefahren ist bereits vor geraumer Zeit gewarnt worden. Coronaviren wurden schon vor mehr als zehn Jahren nach den SARS-Erfahrungen und mit dem Wissen um kulturelle Tierhaltungs- und Verzehrpraktiken in China als »Zeitbombe« charakterisiert [109: 683]. Auf die Explosion dieser Zeitbombe waren die Gesundheitssysteme, aber auch die Administrationen im Jahr 2020 nicht vorbereitet.

2.6 Das Ende des geduldigen Ausharrens – Einstellungswandel in der Bevölkerung

Die wissenschaftliche Herangehensweise an Epidemien hat sich in den letzten Jahrzehnten – das sollte deutlich geworden sein – klar gewandelt. Von Abwarten und Beobachten ist heute kaum noch die Rede, vielmehr geht es um Kontrolle und Eindämmung durch einen Mix aus pharmakologischen und nicht-pharmakologischen Interventionen. Die internationalen Organisationen, die nationalen politischen Systeme und die nachgeordneten Verwaltungsapparate haben Mühe, mit der Geschwindigkeit in der Forschung mitzuhalten. Wie sieht es aber mit der Bevölkerung im globalen Norden aus? Würde sie immer noch ›geduldig ausharren‹ und eine Epidemie mehr oder minder klaglos über sich ergehen lassen, wie es noch in den 1950er-Jahren der Fall war?

Die Antwort lautet: eher nein. Der gesellschaftliche Umgang mit Gesundheit, Leiden und Sterben hat sich in der Zeit nach dem Zweiten Weltkrieg erheblich verändert. Mehrere Faktoren sind hier zusammengekommen. Da ist zunächst ein sozialer Wandel, der im Rahmen der Individualisierung der Gesellschaft [110] traditionelle Vorstellungen von Leiden und Tod nahezu vollständig zum Verschwinden gebracht hat. Verdeutlichen kann man diesen Wandel paradoxerweise sehr gut an der Thematik der Sterbehilfe [111]. Die assistierte Selbsttötung ist heute in den meisten Ländern der westlichen Welt von der Mehrheit der Bevölkerung akzeptiert – was sich allerdings nicht immer auch in entsprechendem geltenden Recht wiederfindet, wie man in Deutschland sehen kann. Ein wesentlicher Grund für die zunehmende

Akzeptanz ist die immer geringer werdende Neigung, Leiden zu akzeptieren [112]. Leiden und Sterben werden nur noch in einem kleinen Teil der modernen Gesellschaft als Schicksal betrachtet, das ›gottgewollt‹ ist [113]. Stattdessen wird Wert auf eine autonome Entscheidung gelegt, das Leben dann beenden zu können, wenn die subjektive Lebensqualität absehbar sinkt und schweres körperliches und/oder psychisches Leiden droht.

Ein weiterer Faktor in diesem Zusammenhang ist die zunehmende Bedeutung von Gesundheit als Wert. Die steigende Lebenserwartung, die veränderten Möglichkeiten, die eigene Gesundheit positiv zu beeinflussen und die geringere körperliche Beanspruchung in der modernen Arbeitswelt tragen insgesamt zu der Vorstellung bei, dass auch Krankheit etwas ist, dem vorgebeugt werden kann. Und vom Staat wird heute die entsprechende Unterstützung erwartet, mehr Sicherheit und Gesundheit zu erlangen [114: 257]. Gurt- und Helmpflicht im Straßenverkehr oder Rauchverbote im öffentlichen Raum sind nach anfänglichem Widerstand breit akzeptiert, staatliche Interventionen werden also in gewissem Rahmen hingenommen und in Teilen sogar eingefordert. Der moderne Wohlfahrtsstaat ist ein sorgender Staat [115].

Aus allen diesen Gründen ist ein weiteres ›geduldiges Ausharren‹ für große Teile der Bevölkerung keine Option für den Umgang mit Epidemien mehr. Stattdessen wird vom Staat gefordert, die Gesundheit der Bevölkerung aktiv zu schützen.

Diese Einstellung gegenüber Gesundheitsrisiken und der Rolle des Staats ist weit verbreitet, sie wird aber nicht von der gesamten Bevölkerung geteilt und sie bezieht sich auch nicht auf alle Krankheiten, nicht einmal auf alle Infektionserkrankungen. Eine erstaunliche Beobachtung ist in diesem Zusammenhang die Tolerierung sowie die geringe Medienaufmerksamkeit gegenüber vielen Todesfällen durch die saisonale Virusgrippe. Die saisonale Influenza unterscheidet sich von der epidemischen bzw. pandemischen Influenza dadurch, dass sie in der Regel während der Wintermonate auftritt, dass viele Menschen eine gewisse Immunität aus früheren Infektionen erworben haben und dass zumeist ein wirksamer Impfstoff zur Verfügung steht. Dennoch kommt es zu zahlreichen Todesfällen, es sind weltweit pro Jahr ungefähr 500.000 Sterbefälle [116, 117]. In der Schweiz sind es jährlich mehrere hundert Todesfälle [118], in Deutschland mehrere Tausend. In besonders betroffenen Jahren werden für Deutschland circa 20.000 Sterbefälle aufgrund der saisonalen Influenza geschätzt [119]. Im Kapitel 3 wird ausführlicher auf diese Zahlen im Zusammenhang des Vergleichs zwischen der Coronavirus-Pandemie und der Grippe eingegangen.

Wo die Ursachen für die geringe Aufmerksamkeit in der Öffentlichkeit und in den Medien liegen, darüber kann nur spekuliert werden. Der Neuigkeitswert dieser immer wiederkehrenden Entwicklungen ist sicher nicht sonderlich hoch und auch die Einstellung gegenüber der Grippeimpfung ist in Teilen der Bevölkerung bekanntermaßen skeptisch bis ablehnend. Gemäß den letzten verfügbaren Angaben des schweizerischen Bundesamts für Gesundheit waren weniger als 8 Prozent aller Grippeverdachtsfälle in der Saison 2018/2019 geimpft und auch bei den Risikogruppen, für die eine Impfung dringend empfohlen wird, waren es lediglich zwischen 30 und 40 Prozent [120]. Die oben angesprochene Autonomie bei gesundheitlichen Entscheidungen ist nicht immer gesundheitsförderlich, wie diese Zahlen nahelegen.

2.7 Schlussfolgerungen – Die Vorgeschichte des Lockdowns

Aus dieser stark verkürzten Darstellung der Vorgeschichte der Coronavirus-Pandemie lassen sich folgende Aspekte identifizieren, die für die Ereignisse im Jahr 2020 von Bedeutung sind. Grundsätzlich hat sich die gesamte Herangehensweise an Epidemien und Pandemien im globalen Norden seit der Mitte des letzten Jahrhunderts drastisch verändert. Während in den ersten Jahrzehnten nach dem Ende des Zweiten Weltkriegs Epidemien von der Bevölkerung gleichsam klaglos hingenommen wurden und auch von der Politik und der Wissenschaft nur wenige Anstrengungen zur Bekämpfung unternommen wurden, änderte sich dies spätestens seit der AIDS-Epidemie und dem SARS-Ausbruch.

Die wichtigsten Interventionen waren neben der Impfung nicht-pharmakologischer Art. Seit Mitte der 2000er-Jahre lagen die Konzepte für das, was heute als Lockdown bekannt ist, vor. Diesen Entwicklungen zum Trotz kann die Vorbereitung sowie die Pandemieplanung in nahezu allen Ländern des globalen Nordens als unzureichend angesehen werden. Typischerweise folgte der Sorge und Panik während einer Epidemie wenig später eine Phase der Vernachlässigung [121]. Hinzu kamen in vielen Ländern finanzielle Restriktionen nach der Rezession durch die Finanzkrise der Jahre 2007/2008. Die verfügbaren Möglichkeiten für die Bewältigung einer Pandemie, wie wir sie dann erlebt haben, erscheinen im Nachhinein recht begrenzt gewesen zu sein. Dies gilt insbesondere dann, wenn man der Gesundheit der Bevölkerung einen großen Stellenwert einräumt, wie es der Fall war. Der Lockdown war eine sehr naheliegende Option, zumal sie in Wuhan und anderen Regionen Chinas im Januar 2020 erfolgreich umgesetzt worden war.

3. Das Coronavirus – Biologische und epidemiologische Dynamiken

Die Lockdown-Maßnahmen dienten der Bekämpfung der Ausbreitung des neuartigen Coronavirus. Um die potenzielle Notwendigkeit der Maßnahmen nachvollziehen zu können, braucht es neben den in weiteren Kapiteln zu berücksichtigenden psychologischen und gesellschaftlichen Faktoren auch ein Verständnis für die Entstehung sowie die biologischen Eigenschaften des Virus selbst sowie für die epidemiologischen Auswirkungen und Zusammenhänge. Letzteres ist insbesondere im Zusammenhang mit der Ausbreitung relevant, aber auch bezüglich der Gefährlichkeit, das heißt den Folgen für Erkrankung und Sterbewahrscheinlichkeit. Die nachfolgenden Ausführungen über das Virus, seine Übertragung, die Sterblichkeit und den Vergleich mit der Virusgrippe sind eher technischer Natur und lesen sich möglicherweise und unvermeidbarerweise weniger erzählend als andere Kapitel – dies nur als Vorwarnung.

3.1 Das neuartige Coronavirus

Namensgeber für das Coronavirus ist die Sonne, genauer der Sonnenkranz (lateinisch *Corona*). Unter dem Mikroskop ähnelt das Virus dem Aussehen nach diesem Sonnenkranz. Neuartig wird das Virus deshalb genannt, weil es vor mehreren Jahren schon andere Epidemien und Pandemien gegeben hat, die durch Coronaviren ausgelöst wurden, darunter auch grippeähnliche Infektionen. Ein Vorläufer des Infektionsgeschehens der Jahre 2019/2020 war die bereits im vorherigen Kapitel beschriebene SARS-Epidemie in den Jahren 2002/2003. Daher stammt der wissenschaftliche Name des neuen Coronavirus: SARS-CoV-2. Das bedeutet, es handelt sich erneut um ein Coronavirus, das eine schwere Atemwegserkrankung auslösen kann.

Die durch das neuartige Coronavirus ausgelöste Erkrankung wird offiziell Covid-19 genannt. Dieser Name ist eine Abkürzung für das Virus (Coronavirus) und die Erkrankung (engl. disease), welche im Jahr 2019 erstmalig aufkam. Diese Erkrankung befällt primär die unteren Atemwege (Lunge), aber auch verschiedene andere Körperorgane und führt in vielen Fällen zum Tode.

Coronaviren sind erst seit den 1960er-Jahren in der Wissenschaft bekannt, sind aber sehr wahrscheinlich schon sehr viel länger aktiv [122]. Wie viele andere Infektionserreger sind auch diese Viren über lange Zeit nicht recht beachtet worden in Medizin und Forschung. Wie im Kapitel über die Vorgeschichte der aktuellen Pandemie gezeigt wurde, steht diese vernachlässigende Haltung mit der früher weit verbreiteten Überzeugung zusammen, dass Infektionserkrankungen prinzipiell beherrschbar seien – eine Überzeugung, die spätestens seit den HIV- und SARS-Epidemien als überholt gelten kann.

Coronaviren sind eigentlich eher im Tierreich verbreitet. Sie können allerdings, wie im jetzigen Fall, die Artenbarriere zwischen Tieren und Menschen überspringen. Dies war unter anderem auch bei der HIV-Infektion so, wo Schimpansen die ursprünglichen Wirtstiere waren, bei der MERS-Infektion, bei der Dromedare in Nordafrika beteiligt waren oder bei der sog. Schweinepest im Jahr 2009. SARS-CoV-2 ist das siebte wissenschaftliche bekannte Coronavirus, das Menschen infiziert hat [123]. Die früheren Infektionen sind oft mild verlaufen, MERS und SARS jedoch nicht. Insofern war bekannt, dass Coronaviren ein erhebliches Risikopotenzial aufweisen [124].

Welche Tierarten genau und mit welchem Verlauf am Übersprung zur aktuellen Infektion des Menschen beteiligt waren, ist noch unbekannt. Sehr wahrscheinlich waren Fledermäuse mitwirkend sowie Schuppentiere, deren Schuppen und weitere Körperteile in Asien und anderen Regionen sehr begehrt für traditionelle medizinische Maßnahmen und auch für die ›Behandlung‹ von Erektionsstörungen sind.

Für den Menschen gefährlich sind neu auftretende Viren vor allem vor dem Hintergrund einer fehlenden Immunität [125]. Immunität kann sich, abgesehen von Impfstoffen, nur dann herausbilden, wenn gleiche oder zumindest sehr ähnliche Viren schon zu früheren Zeitpunkten in der Bevölkerung verbreitet waren, wodurch entsprechende Antikörper vorhanden sind. Dieser Umstand ist, wie noch zu zeigen sein wird, für den Lockdown zentral. Durch das Auftreten eines neuen Virus sind sämtliche Menschen in einer Bevölkerung suszeptibel (empfänglich), das heißt 100 Prozent aller Menschen tragen das Risiko einer neuen Infektionserkrankung, die vor allem zu Beginn der Epidemie unbekannte Krankheitsverläufe annehmen kann.

Inwieweit tatsächlich 100 Prozent der Bevölkerung zu Beginn der Pandemie keine Immunität für das neue Coronavirus hatten, ist im Verlauf der Ausbreitung auch in der Wissenschaft heftig diskutiert worden [126]. Eine Gegenhypothese besagt, dass sich durch die gerade schon angedeuteten möglichen früheren Infektionen durch andere, weniger gefährliche Coronaviren eine gewisse Kreuzimmunität entwickelt haben könnte. Diese Vermutung wird gestützt durch genetische Analysen, die bestimmte Merkmale des Coronavirus auch bei vormaligen Infektionserkrankungen identifiziert haben [127]. Ob und inwieweit diese genetischen Befunde tatsächlich auch die Immunität positiv beeinflussen können, ist Gegenstand intensiver Forschung.

Doch zurück zur Entstehung und Verbreitung des neuen Virus: Das erste große Ausbruchsgeschehen des neuartigen Coronavirus erfolgte bekanntermaßen im Dezember 2019 in der Nähe eines Tiermarktes in der Stadt Wuhan in der chinesischen Provinz Hubei [128]. Nach wie vor unklar ist, ob der Ausbruch nur zufällig dort stattfand oder aber tatsächlich durch eine Übertragung vom Tier auf den Menschen an diesem Ort [129]. Nicht ausgeschlossen werden kann auch ein versehentliches Ausbruchsgeschehen aus einem Viruslabor in Wuhan. Entgegen politischen Erklärungs- und Verschwörungstheorien ist jedoch ein menschlich hergestelltes Virus äußerst unwahrscheinlich [123].

Da in der Zwischenzeit verschiedene Varianten des Virus an unterschiedlichen Orten der Welt auch zu früheren Zeitpunkten aufgetaucht sind, muss der genaue Weg der Übertragung noch wissenschaftlich gesichert werden. So sind auch in Europa schon Spuren des Coronavirus im Herbst und Winter 2019/2020 und sogar noch früher aufgetaucht, von denen man nicht weiß, wie sie dort zu diesem frühen Zeitpunkt übertragen werden konnten und ob sie auch tatsächlich relevant sind.

Mit der Verbreitung des Virus über China und Asien hinaus wurde aus der Epidemie eine Pandemie. Epidemien sind definiert als »...Vorkommen von Krankheitsfällen (oder ein Ausbruch) in einer begrenzten Gemeinschaft oder Region, mit einer Häufigkeit, die klar über dem liegt, was normalerweise zu erwarten ist.« [130: 693] Pandemien sind Epidemien, die nicht mehr regional begrenzt sind, sondern die Region oder den Kontinent verlassen haben. Insofern ist eine Pandemie immer auch eine Epidemie, aber eine Epidemie nicht notwendigerweise eine Pandemie.

3.2 Die Übertragung des neuartigen Coronavirus

Die Virus-Übertragung von Mensch zu Mensch erfolgt über eine Tröpfcheninfektion, das heißt über flüssige Teilchen, die während des Hustens oder Niesens in die Atemluft abgegeben und durch Mund, Nase und auch die Augenbindehaut durch andere Personen aufgenommen werden. Quasi-experimentelle Studien, die beispielsweise getestet haben, wie sich die Infektionsrate vor und nach der Verpflichtung zum Tragen einer Gesichtsmaske im Vergleich zu anderen Regionen entwickelt hat, konnten zeigen, dass dies tatsächlich zu einer Reduktion der Infektionsrate führte. Daraus kann geschlossen werden, dass die Übertragung primär in der Luft durch Tröpfchen sowie durch kleinere Aerosol-Schwebeteilchen erfolgt [131]. Zu einem geringeren Anteil wird das Virus ebenfalls als Kontaktinfektion über Oberflächen weitergegeben [132].

Infektionen haben unterschiedliche Verbreitungsgeschwindigkeiten, die von den biologischen Merkmalen der Viren oder Bakterien abhängen, von der Art der Übertragung sowie von den soziokulturellen Bedingungen der Gesellschaften, in denen sich die Infektionen verbreiten. Aus biologischer Perspektive ist hier zunächst die Inkubationszeit relevant, also die Zeit zwischen der Aufnahme eines Erregers und den ersten Krankheitssymptomen. Sie beträgt bei dem neuen Coronavirus 5 bis 6 Tage. Während der Inkubationszeit vermehren sich die Erreger im Körper. Im Falle des aktuellen Coronavirus können Menschen ohne Symptome den Erreger während einer Zeitspanne von bis zu 14 Tagen weitergeben. Die Übertragung über Tröpfchen trägt ebenfalls als zu einer schnellen Verbreitung bei. Zudem zeigen sich gewöhnliche Krankheitssymptome, welche einer saisonalen Erkältung oder Grippe gleichen – niemand denkt sich zunächst etwas bei diesen Symptomen. Sodann ist auch an Situationen zu denken, bei denen Krankheitsverläufe ohne Symptome vorhanden sind und die betroffenen Personen sich so verhalten, dass eine Übertragung wahrscheinlicher wird. Eine solche Situation ist etwa das Singen in einem Chor, wodurch die Partikel in der Atemluft weit verbreitet werden.

In sozialer Hinsicht ist zunächst die Bevölkerungsdichte eines der zentralen Merkmale, die bei der Verbreitung von Krankheitserregern zu bedenken ist. Wie auch die Entwicklung der Transmission des Coronavirus gezeigt hat, sind vor allem urbane Regionen zu Beginn einer Ausbreitung massiv betroffen gewesen, bevor dann im Verlauf auch ländliche Gegenden in Mitleidenschaft gezogen wurden. Die italienische Region Lombardei zählt etwa zu den am dichtesten besiedelten Gegenden in Europa. Andere Regionen mit einer großen Anzahl von Infektionen waren bekanntermaßen New York, London und Stockholm.

Und schließlich sind soziale Situationen zu beachten. Mit der Zeit ist immer deutlicher geworden, dass für die Verbreitung des Virus Veranstaltungen und Settings mit einer Vielzahl von Menschen wesentlich waren – vom chinesischen Neujahrsfest über alpine Aprés-Ski-Lokalitäten und internationalen Fußballspielen bis hin zum rheinischen Karneval. Diese in der Forschung als ›Superspreading‹-Events bekannten Phänomene sind insofern relevant, als dadurch in kurzer Zeit eine erhebliche Anzahl von Infektionserkrankungen ausgelöst werden können und zugleich die regionale und – etwa bei Fußballspielen – auch internationale Verbreitung gefördert wird [133].

Als eine besonders tragische Variante dieser sozialen Situationen können Klinik- bzw. Spital- und Heimsettings gelten, die – neben Restaurants, Bars und Arbeitsstätten wie der Fleischindustrie – zu den meist verbreiteten Clustern mit Übertragungen des Virus zählen [134]. In diesen Settings im Gesundheitswesen kommen bei der Coronavirus-Infektion verschiedene Faktoren zusammen, nämlich eine große Dichte von Menschen, die vergleichsweise hohe körperliche Verwundbarkeit durch das Virus, eine Vielzahl von Personen, welche die Institution betreten und verlassen, sowie – vor allem zu Beginn der Pandemie – Unerfahrenheit des Personals im Umgang mit einem derartigen Infektionsausbruch und der Mangel an Schutzausrüstung. Dies führte dazu, dass in vielen Ländern Bewohnende von Heimen bis zu 80 Prozent der durch oder mit dem Coronavirus registrierten Todesfälle ausmachten [135]. Es existieren sogar empirische Hinweise aus Italien, die nahelegen, dass die Heimsettings für die hohe Mortalität relevanter gewesen sind als die ohnehin schon große Bevölkerungsdichte [136]. Betroffen waren aber darüber hinaus auch andere Institutionen, beispielsweise mehrere psychiatrische Kliniken in Asien [137] oder in den Vereinigten Staaten [138].

3.3 Maßzahlen der Virusverbreitung

Während der ersten Wochen der Pandemie in Europa sind aus der Wissenschaft verschiedene Indikatoren benannt und dann von der Gesundheitspolitik und den Medien angewendet worden, welche das Ausmaß und die Geschwindigkeit der Verbreitung einschätzen helfen sollten. Die am häufigsten verwendete Maßzahl war die Reproduktionszahl R. Diese Zahl gibt an, wie viele weitere Personen von einer infizierten Person im Durchschnitt angesteckt werden. Epidemien sind in ihrem Verlauf rückläufig, wenn eine Person weniger als eine weitere Person infiziert. Das heißt: R sollte idealerweise unter 1 liegen. Liegt R über 1, so besteht die Gefahr dessen, was in der Epidemiologie exponentielles Wachstum genannt wird. Dies bedeutet: im Falle von R gleich 3 werden zu Beginn 3 Menschen infiziert, dann 9 usw... Schon anhand dieser wenigen Zahlen wird deutlich, dass bei exponentiellem Wachstum eine Epidemie schnell außer Kontrolle geraten kann – was dann erfahrungsgemäß zu drastischen Eindämmungsmaßnahmen geführt hat.

Solange noch keine Menschen von der Infektionskrankheit genesen sind, wird R als Basisreproduktionszahl R_0 beschrieben. Zu Beginn der Coronavirus-Pandemie wurde davon ausgegangen, dass R_0 zwischen 2 und 3 liegen würde, das heißt, eine Person würde durchschnittlich zwei bis drei weitere Personen infizieren. Dieses Ausmaß der Verbreitung hat sich aber in verschiedenen Regionen als zu gering herausgestellt. Das Missverständnis liegt wohl darin, dass die schon angesprochene Bevölkerungsdichte, also die unterschiedliche Wahrscheinlichkeit, anderen Menschen zu begegnen, nicht berücksichtigt wurde. Und auch der Zeitpunkt während der Pandemie ist nicht unbedeutend. Unter solchen realen Bedingungen ist beispielsweise für die Schweiz für Anfang März 2020 eine Reproduktionszahl von 3,9 berechnet worden, in Deutschland war sie ähnlich hoch [139].

Die Reproduktionszahl ist also keine rein biologische Größe, sondern eine Funktion aus biologischen Eigenschaften und menschlichem Verhalten bzw. sozialen Situationen [140]. Die Wahrscheinlichkeit, auf andere Menschen zu treffen und eine Infektion weiter zu geben, hängt von sehr vielen Merkmalen ab, beispielsweise vom Alter oder von der Anzahl der Personen, die in einem Haushalt leben. Aber auch soziokulturelle Elemente müssen hier einberechnet werden. So ist etwa die durchschnittliche Kontakthäufigkeit in Deutschland fast um den Faktor 3 geringer als in Italien [141]. Im Detail wird R in Modellierungsstudien auf der Basis folgender Faktoren berechnet [36: 58]:

- Dauer der Infektiosität einer Person,
- Durchschnittliche Anzahl der Gelegenheiten, die Infektion zu verbreiten,
- Wahrscheinlichkeit einer Übertragung in einer Gelegenheit,
- Empfänglichkeit der Bevölkerung (Suszeptibilität).

Bei Einberechnung dieser Gegebenheiten gehen neuere Studien von einer Reproduktionszahl von 5 bis 6 aus [142]. Auch hier sind also wieder die sozialen

Bedingungen zu berücksichtigen. In urbanen und dicht besiedelten Regionen ist die Kontaktdichte und damit auch das Risiko zur Weitergabe der Infektion deutlich höher als in ländlichen Gegenden. So ergaben sich auch Unterschiede in der Reproduktionszahl zwischen Italien und China; letztere war niedriger [143]. Und schließlich ist auch das Verhalten der potentiell betroffenen Menschen zu berücksichtigen. Angst vor der Infektion oder aber die Erwartung sozialer Restriktionen führt ebenfalls zu Veränderungen bei solchen Indikatoren, da die sozialen Kontakte und die damit einhergehenden Infektionen reduziert werden [144]. So konnte etwa gezeigt werden, dass in Deutschland R schon vor der offiziellen Verhängung des Lockdowns unter 1 lag [145], was für zahlreiche Spekulationen und Diskussionen sorgte, ob diese Maßnahme denn überhaupt notwendig war [14]. Ähnliches konnte auch für zahlreiche Regionen in den Vereinigten Staaten gezeigt werde, wo ebenfalls das individuelle Verhalten deutlich früher angepasst wurde als staatlich angeordnet [146] – ein Thema, dass später noch ausführlicher behandelt wird.

Eine anwachsende Immunität in der Bevölkerung oder aber – noch besser – eine zunehmend durch einen Impfstoff immunisierte Bevölkerung senkt die sogenannte Suszeptibilität (Empfänglichkeit). Es sind dann nicht mehr 100 Prozent dem Risiko einer Infektion ausgesetzt, sondern ein geringerer Prozentsatz. Hierdurch ändert sich auch die Berechnung der Reproduktionszahl, die nun als effektive Zahl R_e oder zeitbezogene Zahl R_t (engl. *time*) benannt wird [147].

Obwohl die Reproduktionszahl R sehr weit verbreitet gebraucht wird, hat sie gewisse Nachteile. Zum einen handelt es sich um einen Mittelwert, der regionale Unterschiede nicht berücksichtigt. Lokale Ausbruchsgeschehen, wie sie im Verlauf der Pandemie immer wieder vorgekommen sind, lassen sich damit kaum angemessen abbilden. Zum anderen aber ist ein Nachteil, dass R nicht über die Geschwindigkeit der Infektionsausbreitung informiert. Hierfür wird in erster Linie die sogenannte Verdopplungszeit herangezogen [148]. Diese zeigt an, wie lange es braucht, damit die Anzahl vorhandener Infektionen sich verdoppelt. Kurze Verdopplungszeiten indizieren dabei eine erhebliche Dynamik, bei längeren Verdopplungszeiten stabilisiert sich das Geschehen. Sowohl bei R als auch bei der Verdopplungszeit ist immer die Anzahl infizierter Personen zu berücksichtigen. Ist dieser Anteil (Prävalenz) klein, so schwanken die Maßzahlen erfahrungsgemäß häufiger und sind unzuverlässiger. Daher wird oftmals ein Mehrtagesdurchschnitt genommen, etwa der Durchschnitt der letzten 7 Tage, um Schwankungen in der Darstellung ausgleichen zu können.

Eine weitere Problematik im Zusammenhang mit der Reproduktionszahl R ist, dass sie die oben bereits beschriebenen Superspreading-Events nur schlecht berücksichtigen und abbilden kann. R gibt ja an, an wieviel weitere Personen das Virus im Durchschnitt von einer infizierten Person weitergegeben wird. Bei Superspreading-Ereignissen wird das Virus jedoch – bezogen auf die gesamte Bevölkerung – nur von einem kleinen Teil der Population verbreitet; dies aber mit einer großen Auswirkung. Eine israelische Studie hat etwa gezeigt, dass zwischen 1 und 10 Prozent der infizierten Personen 80 Prozent der Folgeinfektionen verursacht haben [149]. Um dieses Geschehen quantitativ zu fassen, wird der sogenannte Dispersionsfaktor k genutzt [150]. Dieser zeigt mit einem niedrigen Wert an, dass eine geringe Anzahl Personen eine recht große Anzahl von Infektionen veranlasst. Bei der aktuellen Coronavirus-Infektion wird in der Tat davon ausgegangen, dass k recht niedrig bei ungefähr 0,1 liegt [151]. Für die Verhinderung der Virusausbreitung ist dieser Indikator natürlich sehr relevant. Mit einem Verbot von Events, an denen viele Menschen – und dann möglichst noch in geschlossenen Räumen – teilnehmen, wird man eine große Gefahrenquelle eliminieren können. Inwieweit das auch für Arbeitssituationen wie in der Fleischindustrie möglich ist, das ist im Sommer 2020 vielfach diskutiert worden.

Sämtliche der zuvor genannten Maßzahlen sind von diversen weiteren Bedingungen und Definitionen abhängig. Da ist zunächst die Definition der Infektion bzw. der Zusammenhang mit der Krankheit zu nennen. Während des ersten Ausbruchs in China sind die Definitionen mehrfach geändert worden. So war zeitweise ein Bezug zu der Stadt Wuhan Teil der Falldefinition. Anschließend wurde verschiedentlich die Maßnahme zur Bestätigung der Infektion verändert (Nachweis im Serum, Abstrich, Genetik). All dies führte zu einer Unterschätzung der ›wahren‹ Anzahl infizierter Personen, die vor allem in den ersten Wochen deutlich höher war als von den chinesischen Behörden angegeben [152]. Das muss nicht zwingend politisch motiviert gewesen sein, wie es in China und anderen totalitär oder autoritär regierten Staaten ansonsten nicht unüblich ist. Die ersten Wochen eines großen Infektionsausbruchs sind mit großen Unsicherheiten behaftet und die Falldefinitionen können sich aufgrund wissenschaftlicher Erkenntnisse ändern.

Allerdings sind aus verschiedenen Staaten, wie etwa Brasilien, Aktivitäten bekannt geworden, welche auf eine politisch motivierte Absenkung der Fallzahlen und der Sterblichkeit aus waren. Auch bei den Daten aus Russland muss Vorsicht walten, da erneut oftmals Definitionen geändert wurden und dann bekannt wurde, dass die Sterblichkeit wegen Covid-19 recht niedrig war, aber andere Pneumonien während der Pandemie deutlich als Todesursache angestiegen waren. Bemerkenswert für Russland war auch die große Differenz zwischen der Anzahl bestätigter Infektionen und der Anzahl Verstorbener. Da das russische Gesundheitswesen nicht gerade für eine gute Ausstattung bekannt ist, sind hier Mutmaßungen zu politisch motivierten Datenberichten durchaus angebracht [153]. Dies gilt insbesondere seitdem offiziell die Anzahl der Todesfälle unter medizinischen Fachpersonen erheblich nach oben revidiert wurden [154].

Dann ist die Feststellung der Infektion zu nennen. Im Verlauf der Pandemie ist vielfach über das Ausmaß und die Qualität der Testung auf das Virus berichtet und diskutiert worden. Gerade zu Beginn eines Infektionsausbruchs sind die Testungen oftmals quantitativ und qualitativ unzureichend, weshalb auch die Berechnungen der Maßzahlen nicht immer zuverlässig sind. Idealerweise nimmt diese Unsicherheit im Verlauf ab, da prinzipiell mehr Testkapazität zur Verfügung stehen sollte. Im Fall der neuen Coronavirus-Infektion war aber selbst in verschiedenen westlichen Staaten feststellbar, dass es sehr lange Zeit brauchte, um zu dieser Kapazität zu kommen.

Der Umfang der Testungen auf das Virus und die Feststellung der infizierten Fälle hängen aufgrund der hohen Dunkelziffer asymptomatischer Infektionen eng miteinander zusammen. Wie in nahezu jeder epidemischen Situation steigt mit der Zahl von Tests auch die Zahl der identifizierten Infektionen. Dieser banale Zusammenhang führte dazu, dass – beispielsweise in der US-amerikanischen Politik – gefordert wurde, weniger zu testen, um dann in den internationalen Datenvergleichen besser dazustehen. Natürlich verschwindet das Virus nicht, wenn weniger getestet wird. Ganz im Gegenteil, die Folge wäre ein noch schwieriger einzuschätzender Verlauf. Um das Verhältnis der Anzahl von Testungen und der Anzahl der Infektionen zu bestimmen, ist die Test-Positivitäts-Rate eingeführt worden. Sie bestimmt den Anteil positiver Fälle unter den getesteten Fällen in einem bestimmten Zeitraum. Gemäß der Weltgesundheitsorganisation WHO gilt eine Epidemie unter Kontrolle, wenn – unter anderen Indikatoren – die Test-Positivitäts-Rate über einen Zeitraum von 14 Tagen hinweg unter 5 Prozent liegt [155].

Zu Beginn der Pandemie ist es über lange Zeit sehr umstritten gewesen, wie viele Menschen sich denn in den ersten Wochen und Monaten infiziert hatten. Diese Frage ist in verschiedener Hinsicht von zentraler Bedeutung. Zum einen ist die Prävalenz der Infektion, also der Prozentsatz infizierter Menschen, relevant für die Bestimmung der Gefährlichkeit der Erkrankung. Die so genannte Infektionssterblichkeit (genauer: Infektions-Verstorbenen-

Anteil, engl. *Infection Fatality Rate, IFR*) ist der wichtigste Vergleichsparameter zu anderen Infektionen, etwa im Zusammenhang mit dem viel diskutierten Vergleich mit der Influenza. Ein weiterer Parameter, die so genannte Fallsterblichkeit (engl. *Case Fatality Rate, CFR*), hängt von der Anzahl und Güte der Testungen ab, die – wie bereits beschrieben – zu Beginn der Infektionswelle sehr unsicher sind. Diese Maßzahlen zur Sterblichkeit werden unten noch genauer beschrieben.

Des Weiteren ist die Prävalenz von Bedeutung für die (wenig feinfühlig benannte) Durchseuchung der Bevölkerung. Hier interessiert insbesondere, wie lange es zur so genannten Herdenimmunität braucht, also bis zu dem Zeitpunkt, an dem so viele Menschen infiziert sind, dass das Infektionsgeschehen automatisch sinkt, da die Suszeptibilität nicht mehr für einen Anstieg ausreicht. Herdenimmunität kann entweder durch eine Impfung oder aber durch die Verbreitung der Infektion mit anschließender Ausbildung von Immunität durch Antikörper gebildet werden. Wenn die Grenze zur Herdenimmunität erreicht ist, sinkt aus mathematischen Gründen die Wahrscheinlichkeit, dass ein noch nicht infizierter Mensch durch einen infizierten Menschen angesteckt wird [156]. Bei Infektionen mit einem relativ großen R_0-Wert wie Masern (ungefähr 15) wird davon ausgegangen, dass mehr als 90 Prozent der Bevölkerung infiziert oder geimpft werden müssen, um eine Herdenimmunität zu erreichen. Herdenimmunität kann relativ einfach berechnet werden. Die Formel lautet: $1 - 1/R_0$. Bei der Infektion mit dem Coronavirus, das eine vergleichsweise geringere Verbreitung zeigt, wird von 67 Prozent ausgegangen, wenn man denn ein $R_0=3$ sowie eine für alle Menschen in der Bevölkerung gleiche Übertragungswahrscheinlichkeit unterstellt [157]. Neuere Simulationsstudien unter Berücksichtigung von altersspezifischen Kontaktwahrscheinlichkeiten sehen eine Herdenimmunität hingegen deutlich niedriger [158], bei ungefähr 40 bis 50 Prozent [159].

Es bestand in verschiedenen Ländern wie Schweden, Großbritannien oder den Niederlanden lange der Verdacht, die jeweilige Regierung würde auf diesen Weg setzen. Wenn dem so war, dann scheint dieser Weg nicht erfolgreich gewesen zu sein – selbst, wenn man etwas zynisch die im Vergleich zu Nachbarländern hohen Sterblichkeitszahlen in Großbritannien und Schweden nicht beachtet. Es gibt Hinweise aus Modellierungsstudien, dass die Virusverbreitung in der Bevölkerung in den ersten Monaten deutlich überschätzt worden ist [160]. Diese Einschätzung ist selbst für Schweden bestätigt worden. Bis Mitte Juni 2020 waren lediglich 6,1 Prozent der Bevölkerung seropositiv – also sehr weit entfernt von der Herdenimmunität [161], selbst wenn man sie deutlich niedriger ansetzen würde als die ursprünglich gedachten 60 bis 70 Prozent.

Eine weitere Bestätigung kam von der bis in den Sommer 2020 größten Seroprävalenz-Studie aus Spanien mit einer Zufalls-Stichprobe von über 60.000 Teilnehmenden [162]. Spanien ist bekanntermaßen in erheblichem Maße von der Pandemie betroffen worden und hatte eine hohe Zahl von Todesopfern zu beklagen. Bis Mitte Mai betrug die Prävalenz positiver Testungen in der Bevölkerung lediglich 5,0 Prozent, mit allerdings großen Unterschieden zwischen den Regionen. In der Hauptstadt-Region Madrid waren mehr als 10 Prozent der untersuchten Personen positiv getestet worden.

Die Herdenimmunität ist von Seiten der Lockdown-Skepsis verschiedentlich als Alternativ-Option zum Lockdown ins Spiel gebracht worden [163]. Eine Durchseuchung der Bevölkerung sei aufgrund der milden und asymptomatischen Krankheitsverläufe anzustreben. Allerdings ist – zumindest von Gesundheitsbehörden – bis zum Sommer 2020 nie ein Plan entwickelt oder gar umgesetzt worden, der den Schutz besonders vulnerabler Personen vorgesehen hat. Wenn dieser Schutz nicht besteht, werden auf dem Weg zur Herdenimmunität hunderttausende Tote in Kauf genommen. Zudem scheint ein Missverständnis insofern zu bestehen, dass die Epidemie bei Erreichen der Herdenimmunität vorbei sei. Dem ist aber nicht so. Nach Erreichen dieser Schwelle sinkt die Wahrscheinlichkeit weiterer Übertragungen, aber das Virus ist nach wie vor in der Bevölkerung aktiv.

3.4 Die Verbreitung des Virus

Für die Verbreitung von Viren von Mensch zu Mensch gibt es landläufig die Vorstellung, es müsse einen ›Mensch 0‹ gegeben haben, der für die erste Übertragung verantwortlich gewesen ist. Sowohl bei früheren Infektionsausbrüchen wie auch bei der neuen Coronavirus-Pandemie ist es vermutlich viel komplexer abgelaufen. Bekanntermaßen ist der Markt im chinesischen Wuhan mit dem Ausbruchsgeschehen Ende Dezember 2019 in Verbindung gebracht worden, so dass die Vorstellung besteht, von dort müsse es sich in die gesamte Welt verbreitet haben. Im Laufe der Zeit sind dann jedoch Befunde aufgetaucht, die auf eine komplexere Verbreitung hingewiesen haben. Dazu zählt etwa ein nachträgliches Ergebnis bei einem französischen Mann, der ebenfalls schon im Dezember an Covid-19 erkrankt war, als noch niemand wirklich eine Vorstellung von der Erkrankung hatte [164]. Der Mann hatte offensichtlich keine Verbindung nach China, aber arbeitete in der Nähe von Menschen, die solche Verbindungen hatten. Ob die in Abwasser-Proben vom März 2019 in Barcelona festgestellten Spuren des Coronavirus tastsächlich schon so früh vorkamen, bleibt einer weiteren Untersuchung vorbehalten [165].

Die komplexe Verbreitung ist mittlerweile durch eine Vielzahl von Analysen bestätigt worden. So hat die genetische Untersuchung von verschiedenen Virusvorkommen ergeben, dass der Erreger vermutlich auf unterschiedlichen Wegen mehrfach sowohl in Europa und in den USA aufgetaucht ist, bevor der Ausbruch wirklich bemerkt wurde [166]. Der frühe Ausbruch im Zusammenhang mit der bayerischen Autozulieferfirma in Deutschland, bei denen Mitarbeitende direkten Kontakt zu infizierten Personen in China hatten, scheint sich anschließend nicht weiterverbreitet zu haben. Ein ähnliches Phänomen ergab sich in den USA, wo ein frühes Infektionsgeschehen an der Westküste im Bundesstaat Washington nicht mit der großflächigen Verbreitung anschließend verbunden war [167]. Und auch der massive Anstieg der Infektionen in New York, einem der Epizentren der Epidemie in Nordamerika, ist im Wesentlichen auf den Import aus Europa zurückzuführen [168].

Für Großbritannien wurden über 1300 verschiedene Virusvarianten bis Juni 2020 festgestellt, von denen sehr viele sich dann nicht weiterverbreitet hatten. Die meisten dieser Varianten sind zu einem frühen Zeitpunkt aus anderen europäischen Ländern auf die Insel importiert worden, insbesondere aus Spanien und Frankreich [169]. Für politische Entscheidungen in Sachen Lockdown sind diese Informationen – die allerdings erst viel später vorlagen – von erheblicher Bedeutung. Grenzschließungen waren ja immer umstritten und diese Daten legen nahe, dass Grenzschließungen vor allem in sehr frühen Phasen der Pandemie eine Wirkung bezüglich der Virusverbreitung gehabt hätten. Das hätte allerdings auch bedeutet, die eigenen Bürgerinnen und Bürger, die man ins Land zurückgeholt hätte, entweder unter längere Quarantäne zu stellen oder aber nicht heimzuholen. Wenn hingegen in den beteiligten Ländern das exponentielle Wachstum des Infektionsgeschehens schon weit fortgeschritten ist, dann sind Grenzschließungen eher weniger relevant für die gesamte Ausbreitung.

Aus Sicht der Verbreitung ist dabei sehr interessant, wie sich das Virus entgegen ursprünglicher Coronavirus-Simulationen vor der Pandemie nicht primär in der Region Asien bzw. westlicher Pazifik ausgebreitet hat [170], sondern vielmehr rasch interkontinental wurde. Offenbar ist in frühen Analysen das Ausmaß des globalisierten Verkehrs unterschätzt worden. Es reichen heute ein bis zwei Tage, bis eine Infektion in verschiedenen Kontinenten gleichzeitig verbreitet werden kann. Bestimmte Regionen haben sehr intensive Kontakte zu Regionen auf anderen Kontinenten. So ist etwa bekannt, dass gerade zwischen Norditalien und China sehr viel Reisetätigkeit besteht, da zum einen viele chinesische Staatsangehörige in italienischen Betrieben arbeiten und zum anderen zahlreiche italienische Firmen in China fertigen lassen.

Innerhalb der Regionen sind nahezu sämtliche soziale Situationen mit geringer Körperdistanz denkbar für eine Übertragung. Neben Arbeits- und Eventsituationen sind hier insbesondere Übertragungen innerhalb von Familien und Haushalten relevant. Im privaten Umfeld geschehen in Europa ungefähr 20 bis 30 Prozent aller Infektionen [171, 172]. In der Realität allerdings sind spezifische Arbeits- oder Privatsituationen auch mit den Superspreading-Events assoziiert, wie verschiedene Beispiele gezeigt haben. Erinnert sei an private Feiern in einzelnen Häuserblocks in Berlin oder aber an die erhebliche Problematik in der Fleischverarbeitung. Wie generell bei der Übertragung von Infektionen sind auch in diesem Zusammenhang die gesellschaftlichen Kontexte und jeweiligen epidemischen Bedingungen in Rechnung zu stellen. Chinesische Daten haben etwa während des Ausbruchs eine Übertragungsrate von 17 Prozent in Haushalten ergeben [173].

Für die schnelle Verbreitung des neuen Coronavirus ist sicherlich auch der große Anteil so genannter asymptomatischer Verläufe verantwortlich. Bei diesem Phänomen registrieren die betroffenen Menschen keinerlei Symptome, die auf eine Infektion schließen lassen. Eine entsprechende Übersichtsarbeit hat hier eine Prävalenz von ca. 40-45 Prozent ergeben [174]. Das heißt, knapp die Hälfte aller infizierten Personen weiß gar nicht um das unmittelbare Risiko, das sie für andere Menschen hinsichtlich der Übertragung des Virus darstellt. Dieser hohe Anteil macht es erwartbar schwierig, die Ausbreitung zu verhindern, da viele Menschen dazu motiviert werden müssen, die notwendigen Hygienemaßnahmen einzuhalten, ohne dass sie selbst oder viele andere in ihrem Umfeld betroffen scheinen und dadurch eher demotiviert werden, sich an der Prävention zu beteiligen.

Zudem braucht es eine gewisse Zeit von der Exposition gegenüber dem Virus bis zum Bemerken von Symptomen, wenn denn überhaupt welche vorhanden sind. Das heißt, neben den asymptomatischen Verläufen ist zudem noch die so genannte prä-symptomatische Zeit einzuberechnen. Diese betrug im Durchschnitt 6 Tage [175]. Auch in dieser Zeit konnte das Virus unbemerkt weitergegeben werden.

Ein weiterer Faktor, über dessen Bedeutung immer wieder spekuliert wurde, war die Saisonalität bzw. das Wetter. Verbunden damit war die Hoffnung, das Virus werde im Laufe des Sommers auf der Nordhalbkugel weniger stabil bleiben und in der Wirkung nachlassen. Viele Virusinfektionen spielen sich – wie vor allem die Influenza – in kalten Monaten ab. Beim neuen Coronavirus gibt es hingegen keine belastbaren Hinweise, dass das Virus in der wärmeren Jahreszeit erheblich weniger stabil bleibt [176]. Ein Faktor, der in diesem Zusammenhang jedoch wichtig zu werden scheint, ist das vermehrte Aufhalten im Freien während der warmen Monate. Der Aufenthalt in Innenräumen steigert das Risiko der Virusübertragung ganz erheblich [177]. Insofern ist davon auszugehen, dass weniger das Wetter und das Klima für eine geringere Übertragung während des Sommers verantwortlich sind als vielmehr ein saisonal verändertes Freizeitverhalten. Auch kann eine vermehrte Belüftung von Innenräumen die Viruskonzentration senken. Das heißt im Umkehrschluss, dass während Herbst und Winter aufgrund veränderter Verhaltensmerkmale ein größeres Übertragungsrisiko herrscht.

3.5 Die Gefährlichkeit des neuen Coronavirus – Das Messen der Sterblichkeit

Von Beginn der Pandemie an entwickelte sich eine intensive Diskussion im Wissenschaftssystem, aber vor allem auch in anderen gesellschaftlichen Bereichen zur Frage der Gefährlichkeit. Diese Frage ist sowohl aus wissenschaftlichen als auch aus politischen Gründen bedeutsam. Im Raum stand immer der Vergleich zur saisonalen Influenza, also der Virusgrippe, die sich auf der Nordhalbkugel üblicherweise während mehrerer Monate im Winter ausbreitet. Die Virusgrippe ist Todesursache für bis zu mehrere zehntausend Sterbefälle allein in Europa in jedem Jahr. Insofern drängt sich der Vergleich durchaus auf. Sollte die Sterblichkeit durch das Coronavirus in der Nähe von saisonalen Influenza-Epidemien liegen, so hätte dies erheblichen Einfluss auf die Bekämpfung und die Maßnahmen zur Eindämmung der Pandemie. Darüber hinaus hätte dies natürlich auch zahlreiche Konsequenzen im politischen System zur Folge, denn damit hätten sich die Lockdown-Maßnahmen tendenziell als übertrieben herausgestellt – vorausgesetzt, die Influenza-Sterblichkeit würde als ›normal‹ hingenommen.

Das Gesundheitsrisiko durch die Infektion mit dem Coronavirus erstreckt sich allerdings nicht nur auf den möglichen Tod. Im Verlauf der Epidemie wurde immer deutlicher, dass die Infektion sowie die Covid-19-Erkrankung sich auf zahlreiche Organsysteme im menschlichen Körper schädigend ausdehnen kann, die von Lungenembolien über Nierenschädigungen bis hin zu neurologischen Schäden reichen können. Und auch nach erfolgter Rekonvaleszenz können sich längere Schwierigkeiten ergeben, welche den Alltag beschwerlich machen. Atemprobleme können erneut auftreten, Depression und Angst kommen nicht selten bei Überlebenden von Epidemien vor. Wie bei anderen Viruserkrankungen berichten auch Covid-19-Erkrankte von einer weit verbreiteten Müdigkeit. In der Forschung ist dies als post-virale Erschöpfung bekannt und wird gelegentlich auch als chronisches Erschöpfungssyndrom gewertet [178]. Darüber hinaus sind auch länger andauernde neurologische Störungen berichtet worden, die von Hirnentzündungen (Enzephalitis) bis hin zu deliranten und psychotischen Zuständen reichen [179].

Gesundheitsrisiken werden jedoch nicht nur durch die Infektion hervorgerufen, sondern es gibt zahlreiche Risikoerkrankungen, welche die Sterblichkeit deutlich erhöhen. Von Beginn der Pandemie an war klar, dass mit zunehmendem Lebensalter das Sterblichkeitsrisiko steigt, und bei hohem Alter ist dies sogar exponentiell der Fall. Hohes Lebensalter erhöht wiederum das Risiko für Erkrankungen, und diverse Erkrankungen wurden in den ersten Wochen als besonders relevant identifiziert. Es handelte sich im Einzelnen um folgende Krankheiten [180]:

- Herzkreislauferkrankungen inklusive Bluthochdruck,
- Chronische Nierenerkrankungen,
- Chronische Atemwegserkrankungen,
- Chronische Lebererkrankungen,
- Diabetes,
- Krebserkrankungen mit direkter oder indirekter Beeinträchtigung des Immunsystems,
- HIV/AIDS,
- Tuberkulose,
- Chronische neurologische Erkrankungen,
- Sichelzellerkrankung (erblich bedingte Veränderung des Bluts).

Einer Meta-Analyse dieser Risiken für einen Tod durch bzw. mit Covid-19 zufolge sind vor allem Nierenerkrankungen, Erkrankungen des Gehirns (zerebrovaskuläre Erkrankungen) und Herzkreislauferkrankungen besonders riskant [181]. Bei der Häufigkeit der Verbreitung der Krankheiten unter den Todesopfern im Zusammenhang mit Covid-19 sind insbesondere Bluthochdruck, Diabetes sowie weitere Herzkreislauferkrankungen vorhanden. Viele dieser Krankheitsbilder treten nicht nur in höherem Lebensalter auf, sondern sind, etwa in den Vereinigten Staaten oder in Mexiko, auch bei jüngeren Menschen häufig zu sehen. Daher sind jüngere Menschen mit diesen Erkrankungen ebenfalls einem höheren Sterberisiko während der Pandemie ausgesetzt.

Das Ausmaß der Sterblichkeit während einer Epidemie ist nicht allein durch gesundheitliche Risiken oder biologische Merkmale bestimmt. Als wichtige Faktoren während der Pandemie stellten sich die Kapazität und die Qualität des Gesundheitswesens in den jeweiligen Ländern heraus. Kapazitätsfragen bezogen sich insbesondere auf die Anzahl der Intensivbetten und der Beatmungsgeräte. In vielen Ländern wurden in großer Geschwindigkeit neue Kapazitäten geschaffen, indem etwa Normalstationen umgerüstet wurden oder sogar Notspitäler bzw. -kliniken gebaut wurden. Beatmungsgeräte waren in den ersten Wochen der Pandemie Mangelware und es gab Bieterwettbewerbe um die neu verfügbaren Maschinen. Welche Länder standen nun vor der Pandemie gut da in Sachen Intensivkapazitäten? Noch weit vor der Pandemie, nämlich Ende der 2000er-Jahr wurde eine entsprechende Studie durchgeführt. Hier zeigte sich, dass Deutschland innerhalb Europas die meisten Intensivbetten auf 100.000 Einwohner vorhielt, gefolgt von Österreich und Luxemburg [182]. Großbritannien und Schweden hatten relativ wenig Intensivbetten aufzuweisen, Italien allerdings stand – so wie die Schweiz – im Mittelfeld. Dabei ist zum einen zu beachten, dass diese Erhebung schon relativ alt ist und zwischenzeitlich viele Entwicklung stattgefunden haben, darunter auch Sparmaßnahmen. Im Rahmen einer neuen Studie mit den letzten verfügbaren Daten vor der Pandemie, ergab sich jedoch für die Länder an der Spitze und am Ende der Verteilung kein großer Unterschied. Lediglich die Schweiz rückte bezüglich ihrer Ressourcen deutlich nach oben [183].

Hinzu kommt noch ein weiterer zentraler Faktor, nämlich ausreichend geschultes Personal, das heißt hier insbesondere Pflegende mit einer entsprechenden Ausbildung. Nicht nur aus der Tagespresse, sondern auch aus wissenschaftlichen Untersuchungen ist bekannt, dass beispielsweise in Deutschland vor der Pandemie viele Intensivbetten nicht genutzt werden konnten, weil ein Fachkräftemangel herrschte [184]. Wenn man diese Faktoren nun insgesamt berücksichtigt und mit der Pandemieentwicklung zusammenbringt, dann wurde schon recht früh, nämlich im März 2020, deutlich, dass die Gesundheitssysteme bestimmter Länder der Nachfrage nach Intensivversorgung nicht Stand halten würden. Dies galt vor allem für Italien und Spanien, im geringeren Maße auch für die Niederlande und Frankreich [185]. Im weiteren Verlauf der Pandemie sind dann bekanntlich gerade Italien, Spanien und Frankreich massiv betroffen worden und haben drastische Maßnahmen zur Unterbrechung der Infektionsketten durchgeführt. Und auch die Niederlande verzeichneten zwischenzeitlich eine Überlastung ihres Systems, so dass – wie auch aus Frankreich und Italien – Patientinnen und Patienten nach Deutschland verlegt wurden, weil dort zu keiner Zeit Kapazitätsprobleme auftraten.

Wie nun kann die Sterblichkeit aufgrund der Pandemie bestimmt werden? Zunächst sind wiederum Definitions- und Methodenfragen zu klären. Dies betrifft nicht die Feststellung des Todes selbst, sondern vielmehr die Feststellung der Todesursache. Die zentrale Frage ist hier, ob ein Mensch aufgrund der Covid-19-Erkrankung gestorben ist oder ob er bzw. sie nicht direkt daran gestorben ist, sondern eine andere Todesursache zugleich mit der Covid-19-Erkrankung aufgetreten ist. Die Beantwortung dieser Frage ist zum einen nicht trivial zur Bestimmung der Gefährlichkeit, zum anderen aber auch nicht trivial in der Feststellung selbst. Relativ sichere Daten können hier nur Autopsien der Verstorbenen liefern – Autopsien werden jedoch nicht in jedem Fall durchgeführt. In der Rechtsmedizin sind folgende vier Kategorien gebildet worden, um für die Todesursachen im Zusammenhang mit einer bestätigten Infektion einen besseren Überblick zu geben [186]:

- Definitiver Covid-19-Tod: Pneumonie (Lungenentzündung) und/oder akutes schweres Atemwegs-Syndrom als Todesursache,
- Wahrscheinlicher Covid-19-Tod: Pneumonie und/oder akutes schweres Atemwegs-Syndrom und eine weitere infektionsbedingte Todesursache (z.B. Lungenembolie),
- Möglicher Covid-19-Tod: Todesursache kann nicht mit Sicherheit durch die Autopsie bestimmt werden (z.B. bei einer Herzarrhythmie) oder eine Infektion der Atemwege bzw. eine Pneumonie aufgrund einer anderen Erkrankung (z.B. chronisch obstruktive Lungenerkrankung),
- Tod bei bestehender Infektion, aber eindeutige andere Todesursache.

Ist schon die Feststellung der Todesursache im Zusammenhang mit der Covid-19-Erkrankung nicht trivial, so kommt nun noch eine weitere Schwierigkeit hinzu, wenn diese Daten berichtet werden sollen. In jedem Land herrschen andere Berichtspflichten und -gepflogenheiten aufgrund unterschiedlicher rechtlicher Grundlagen [187]. Dies macht es in Teilen unmöglich, Angaben zu Todesfällen im Zusammenhang mit Covid-19 zu vergleichen. Manche Länder berichten nur definitiv festgestellte Todesursachen, andere wiederum auch Todesfälle, bei denen eine Covid-19-Erkrankung nicht hauptsächlich zum Tod geführt hat. Sodann werden auch Einschränkungen bei der Herkunft der Daten gemacht. In Großbritannien etwa sind über lange Zeit nur Todesfälle aus Spitälern und Kliniken berichtet worden, wodurch die recht hohe Todesrate in Heimen nicht berücksichtigt wurde.

Nun zu den Zahlen: In den Medien werden üblicherweise andere Maßzahlen herangezogen als in der Wissenschaft. Die Medien berichten zumeist die absolute Fallzahl von Neu-Infektionen und Verstorbenen sowie deren 7-Tages-Durchschnitte, um Schwankungen bei kleinen Fallzahlen ausgleichen zu können. Zusätzlich werden Fallzahlen in Bezug auf die Bevölkerung präsentiert, in der Regel Fälle pro 100.000 Personen oder pro 1.000.000 Personen. Diese Zahlen werden dann nicht selten in Ranglisten präsentiert, um Ländervergleiche zur ermöglichen.

In der Wissenschaft hingegen werden zumeist drei andere Indikatoren hierfür herangezogen, die Fall-Sterblichkeit, die Infektions-Sterblichkeit sowie die Übersterblichkeit. Die beiden ersten Parameter beziehen sich direkt auf das Infektionsgeschehen, die Übersterblichkeit ist ein eher indirektes Maß der Folgen der Pandemie.

Die Fallsterblichkeit (genauer: Fall-Verstorbenen-Anteil) wird definiert durch die Anzahl der Verstorbenen unter den Personen, bei denen die Infektion sicher festgestellt wurde, etwa durch diagnostische Tests [42: 7]. Die Fallsterblichkeit ist sowohl ein sicherer wie auch ein unsicherer Indikator. Sicher ist er in Bezug auf die diagnostizierte Infektion, unsicher hingegen, weil vor allem weit verbreitete Infektionen eine hohe Dunkelziffer haben. Aus diesem Grund ist die Fallsterblichkeit bei der Coronavirus-Pandemie recht unsicher [188]. Auf jeden festgestellten Fall der Infektion kommen gemäß Schätzungen bis zu 10 unentdeckte Fälle.

Um diesem Missstand zu begegnen, wird die Infektionssterblichkeit (genauer: Infizierten-Verstorbenen-Anteil) bestimmt. Hierzu werden etwa Daten zur Fallsterblichkeit in bestimmten Regionen auf eine gesamte Bevölkerung hochgerechnet bzw. modelliert, indem beispielsweise die Merkmale wie Alter und Geschlecht entsprechend angepasst werden, wie unten am Beispiel des Kreuzfahrtschiffs »Diamond Princess« noch erläutert wird. Auch die Infektionssterblichkeit hat einen sicheren und einen unsicheren Anteil. Sicherer als die Fallsterblichkeit ist der Einbezug der Dunkelziffer infizierter Personen, unsicher hingegen ist die Feststellung der Infektion in der Gesamtbevölkerung. Daher basiert die Schätzung der Infektionssterblichkeit oftmals auf repräsentativen Untersuchungen der Bevölkerung, bei denen der Anteil der Menschen mit einer aktuellen oder früheren Infektion über diagnostische Tests auf Antikörper im Blut (Serum) festgestellt wird, die so genannte Seroprävalenz. Aufgrund des Versuchs, die Dunkelziffer mit in die Schätzungen einzubeziehen, ist der Wert der Infektionssterblichkeit immer geringer als der Wert der Fallsterblichkeit.

Über die ersten Monate der Pandemie hinweg sind sowohl bezüglich der Fall- als auch bezüglich der Infektionssterblichkeit verschiedene Studien publiziert worden. Ein auch in den Medien mit großer Aufmerksamkeit bedachtes Ereignis war das Kreuzfahrtschiff »Diamond Princess«, welches im Februar 2020 vor dem japanischen Hafen Yokohama lag. Passagiere und Crew durften aufgrund mehrerer Infektionen das Schiff nicht verlassen und mussten sich in Quarantäne begeben. So ergab sich die Gelegenheit, zu untersuchen, wie viele Personen sich infizierten und anschließend erkrankten sowie – im schlimmsten Falle – verstarben. Eine entsprechende Studie ergab für die an Bord befindlichen Personen eine Fallsterblichkeit von 2,6 Prozent und eine Infektionssterblichkeit von 1,3 Prozent [189]. Das Autorenteam unternahm auch den Versuch, die Resultate auf die Sterblichkeit in China umzurechnen. Hierzu musste beispielsweise die unterschiedliche Altersstruktur zwischen Schiffspassagieren und chinesischer Bevölkerung berücksichtigt werden. Für China wurde eine Fallsterblichkeit von 1,2 Prozent und eine Infektionssterblichkeit von 0,6 Prozent geschätzt.

In der Tendenz bestätigten sich diese Modellrechnungen zur Infektionssterblichkeit auch im weiteren Verlauf der Pandemie, wobei eine nicht unerhebliche Streuung der Resultate festzustellen ist. Zu den eher niedrigen Berechnungen zählte die im deutschsprachigen Raum viel beachtete Heinsberg-Studie, die in einer repräsentativen Stichprobe ungefähr 900 Personen untersuchte. Diese Studie schätzte die Infektionssterblichkeit auf 0,36 Prozent [190].

Zu einer nochmals deutlich geringeren Sterblichkeit kam eine amerikanische Studie, die Daten aus dem kalifornischen Santa Clara County berichtete. Hier wurde die Infektionssterblichkeit auf der Basis der Seroprävalenz auf 0,12 bis 2 Prozent geschätzt [191]. In der Folge wurde diese Studie vor allem in den USA im eher politisch rechten und generell skeptischen Lager als ein zentraler Beleg für eine vermeintlich übertriebene Bekämpfung der Pandemie betrachtet. Im Verlauf deckte das Online-Magazin *Buzzfeed* auf, dass die Studie in Teilen von dem Eigentümer einer Fluglinie finanziert wurde, der sich skeptisch gegenüber dem Lockdown geäußert hatte. Zudem wurden in der Studie zahlreiche methodische Probleme aufgedeckt [192]. Die Arbeit wurde nach diversen kritischen wissenschaftlichen Beiträgen in Teilen revidiert und die Infektionssterblichkeit wurde auf 0,17 Prozent präzisiert. Ob dieser vergleichsweise niedrige Wert das Resultat von tatsächlichen geografischen Schwankungen war oder mit der nicht dem Standard entsprechenden Methode zusammenhing, mit der Teilnehmende rekrutiert wurden, ist nicht geklärt.

Die meisten Studien, welche die Infektions-Sterblichkeit untersuchten, kamen zu höheren Ergebnissen. Eine schweizerische Untersuchung, die ebenfalls auf der Basis der Untersuchung von Antikörpern im Serum arbeitete, berechnete beispielsweise eine landesweite Sterblichkeit in Bezug auf alle Infektionen durch das Coronavirus auf 0,64 Prozent [193]. Dieser Wert deckte sich in etwa mit dem Resultat einer so genannten Meta-Analyse [194]. Hierbei handelt es sich um eine summierte Statistik, die mehrere Veröffentlichungen zusammenfasst. Die Forschungsprojekte hinter den Veröffentlichungen arbeiten idealerweise nach der jeweils gleichen Methodik. Für diese Meta-Analyse, die eine Infektions-Sterblichkeit von 0,68 Prozent ergab, wurden 26 primäre Studien ausgewertet. Allerdings verbarg sich dahinter eine recht große Heterogenität, so dass in verschiedenen Ländern vermutlich unterschiedliche Infektions-Sterblichkeiten zu registrieren sein könnten. Der Vollständigkeit halber sei festgehalten, dass weitere Übersichts-Studien mit anderen statistisch-methodischen Ansätzen sowohl niedrigere [195] als auch höhere Resultate [196] der Infektions-Sterblichkeit berechnet haben. Insofern scheint es vernünftig und angemessen zu sein, der zitierten Meta-Analyse zu vertrauen und von einer Infektionssterblichkeit von circa 0,7 Prozent auszugehen.

Fall- und Infektions-Sterblichkeit hängen relativ eng mit bestimmten methodischen Eigenschaften wie Testungen zusammen. Diese beiden Maßzahlen geben immer nur Ausschnitte des Sterblichkeitsgeschehens wieder. Ein weiterer Indikator, der im Verlauf der Pandemie zunehmend in das allgemeine Interesse rückte, ist die so genannte Übersterblichkeit (wissenschaftlich: Exzess-Mortalität). Hierbei handelt es sich – anders als bei den zwei zuvor genannten Indikatoren – nicht um ein spezifisches Maß für die Todesfälle nach Covid-19-Erkrankung. Die Übersterblichkeit bildet das gesamte Sterblichkeitsgeschehen in einem Land oder einer Region ab, indem alle Todesfälle in einem bestimmten Zeitraum (zum Beispiel wöchentlich) mit den zu erwartenden Todesfällen verglichen werden. Die zu erwartenden Todesfälle werden aus früheren Jahren ermittelt, und es wird ein Unsicherheits-Intervall beziffert, in dem die Anzahl der Todesfälle zu bestimmten Jahreszeiten ›eigentlich‹ liegen sollten. Aufgrund von allgemeinem Infektionsgeschehen sind so beispielsweise in den Wintermonaten auf der Nordhalbkugel generell mehr Sterbefälle zu erwarten als während des Sommers. Die Übersterblichkeit berücksichtigt diese saisonalen Unterschiede. Ergeben die Daten jedoch, dass mehr Menschen gestorben sind als in dem Unsicherheits-Intervall zu erwarten waren, stellt man die Übersterblichkeit fest.

Es gibt – dies sei nur der Vollständigkeit halber festgehalten – auch eine Unter-Sterblichkeit, nämlich dann, wenn deutlich weniger Menschen zu Tode kommen als üblicherweise. Während der Pandemie ist dieses Phänomen in einzelnen Ländern wie Frankreich tatsächlich aufgetreten [197]. Hintergrund dafür ist der strikte Lockdown gewesen, der unter anderem zu massiven Rückgängen der Verkehrstätigkeit geführt hat. In diesen Zeiten geschehen dann auch deutlich weniger Unfälle, wodurch insgesamt die Sterblichkeit in einem Land unter das ›Normalmaß‹ sinken kann.

Da der Indikator Übersterblichkeit sämtliche Sterbefälle abbildet, hat er für die Einschätzung der Gefährlichkeit des Coronavirus und der Covid-19-Erkrankung bestimmte Vor- und Nachteile zu bieten. Fangen wir mit den Nachteilen an. Wie leicht einleuchtet, kann bei der Übersterblichkeit nicht zwischen Covid-19-Todesfällen und anderen Todesursachen unterschieden werden. Aus der Erfahrung ist es recht wahrscheinlich, dass während der Pandemie auch andere Todesursachen häufiger werden können, beispielsweise durch das Nicht-Aufsuchen medizinischer Behandlungen aufgrund von Ängsten, sich zu infizieren. Gleiches kann auch durch das Verschieben nicht-notwendiger Operationen passieren. Während der Pandemie sind in der Regel vorsorglich Bettenkapazitäten für potenziell infizierte Patientinnen und Patienten geschaffen worden, wodurch dann geplante Operationen über mehrere Wochen und Monate hinweg ausfallen mussten. Einer Auswertung von Todesfällen aus New York aus der besonders belasteten Periode mit vielen Sterbefällen dort zufolge, machen Covid-19-Erkrankungen 68 Prozent der Übersterblichkeit aus [29]. Auf Herzerkrankungen und Diabetes sind weitere 10 Prozent der Fälle zurückzuführen, Grippe und andere Atemwegserkrankungen machen zusätzlich 5 Prozent der Sterbefälle aus. Diese Daten geben verständlicherweise nur die aktuellen Sterbefälle wieder. Aufgrund von nicht in Anspruch genommener Behandlungen oder aber verschobener Diagnostik- oder Operationstermine sind viele weitere Sterbefälle in zukünftigen Jahren zu erwarten, beispielsweise im Zusammenhang mit Krebserkrankungen [198].

Dieser Umstand, dass nämlich nicht von vornherein zwischen Todesursachen unterschieden werden kann bei der Übersterblichkeit, ist jedoch nicht nur Nachteil, sondern aus einer anderen Perspektive durchaus von Vorteil. Damit können eben auch die weiteren Auswirkungen der Pandemie analysiert werden, die ansonsten bei der ausschließlichen Betrachtung der Fall- oder Infektions-Sterblichkeit außer Acht bleiben würden.

Verschiedene wissenschaftliche und journalistische Webseiten haben es während der Pandemie ermöglicht, die Übersterblichkeit im Wochen- oder Monatsrhythmus zu verfolgen. Eine schon vor der Pandemie bestehende wissenschaftliche Initiative ist das EuroMOMO-Projekt (Abkürzung für: *European monitoring of excess mortality for public health action*) [197]. Die gut zugängliche Webseite des Projekts berichtet wöchentliche Updates in grafischer Form für die Sterblichkeit in mehreren EU-Ländern, Großbritannien und der Schweiz. Für Deutschland sind allerdings nur zwei Regionen daran beteiligt, nämlich die Bundesländer Hessen und Berlin. Für die Pandemie-Situation ist die Auswahl dieser beiden Regionen insofern vorteilhaft, als ein Flächenstaat und die größte deutsche Stadt vertreten sind. Die EuroMOMO-Webseite ist auch für Vergleiche zwischen den Ländern und zwischen verschiedenen Zeitperioden besonders geeignet, weil beispielsweise unterschiedlich große Einwohnerzahlen der Länder berücksichtigt werden. Hierzu wird ein spezielles statistisches Verfahren angewendet (z-Standardisierung), das allerdings für Länder mit kleinen Einwohnerzahlen mit einer gewissen Vorsicht zu genießen ist [199].

Bei der Betrachtung der Daten der dort berichteten Mortalitätshäufigkeiten fällt eine deutlich erhöhte Übersterblichkeit während der Pandemiephase im Frühjahr 2020 für die folgenden Länder auf: Belgien, Frankreich, Italien, Niederlande, Spanien, England, Schottland und Wales. Weniger ausgeprägt, aber dennoch über der erwarteten Sterblichkeit liegen Irland, Schweden, die Schweiz und Nordirland. Die beiden deutschen Regionen Hessen und Berlin weisen keinerlei Übersterblichkeit auf, genauso wie Österreich, Estland, Finnland, Griechenland, Ungarn, Luxemburg, Malta, Norwegen und Portugal.

Da die schwedischen Daten während der Pandemie besonders aufmerksam in den Medien und in der Öffentlichkeit beobachtet wird, sei hier auf eine Besonderheit hingewiesen. Im Gegensatz zu allen anderen an dem Projekt beteiligten Ländern fällt die Kurve der Übersterblichkeit für dieses skandinavische Land nach dem Anstieg nicht stark ab, sondern geht über mehrere Wochen hinweg langsam zurück. Dies korrespondiert offenbar mit den Unterschieden in den staatlich verordneten Maßnahmen. Während alle anderen besonders betroffenen Länder sehr einschneidende Restriktionen durchsetzten und dadurch die Mortalität wieder auf ein zu erwartendes Maß senkten, setzte Schweden zunächst auf Verhaltensempfehlungen und verhängte erst im Verlauf der Zeit einige Restriktionen, die sich erst mit einer gewissen Verzögerung auswirkten.

Aus den EuroMOMO-Darstellungen lässt sich das Ausmaß der Übersterblichkeit nicht genau quantifizieren. Dies ermöglichten aber Datenseiten, wie diejenigen der Zeitschrift *The Economist* [200]. Dort wurde die Übersterblichkeit für diverse Länder als Anzahl pro 100.000 Einwohner in Relation zu den Durchschnittsdaten vergangener Jahre berechnet. Bis Mitte August 2020 hatte Großbritannien die meisten dieser Fälle mit 96, dann folgten Italien (78), Belgien (72), die Niederlande (54), die Vereinigten Staaten (54), Portugal (52), Schweden (52), Frankreich (45), Österreich (17), die Schweiz (17), Deutschland (11), Dänemark (8) und Norwegen verzeichnete eine Untersterblichkeit von -5. Während in den europäischen Staaten die Übersterblichkeit über den Sommer 2020 zumeist vollkommen rückläufig war, stellte sich die für die Vereinigten Staaten anders dar. Noch bis in den August des Jahres wurde hier eine erhebliche Exzessmortalität registriert [201].

Eine weitere Frage, die häufig im Zusammenhang mit Covid-19-Erkrankungen und -Sterbefällen gestellt wurde, war die nach der Lebenszeit, welche den Menschen, die gestorben sind, noch geblieben wäre, wenn das Virus sie nicht infiziert hätte. Angesichts der Rolle des Lebensalters und der Vorerkrankungen bei den Sterbefällen, ist von der Lockdown-Kritik gelegentlich die Meinung geäußert worden, die betroffenen Menschen seien ohnehin in Bälde gestorben. So hatte sich beispielsweise der grüne Oberbürgermeister der deutschen Stadt Tübingen in der Presse entsprechend vernehmen lassen [202]. Um diese Fragestellung empirisch zu prüfen, gibt es in der Gesundheitsforschung das Maß der verlorenen Lebensjahre (engl. *Years of Life Lost*, YLL). Auch dieser Indikator ist methodisch recht kompliziert, insbesondere, wenn potenziell mehrere Todesursachen in Frage kommen können, wie es bei der Diskussion um die Todesursache wegen der Virusinfektion oder mit der Virusinfektion angesprochen wurde. Gleichwohl lassen sich aus Modellierungsstudien Hinweise entnehmen, dass die betroffenen

Menschen durchaus noch mehrere Lebensjahre vor sich gehabt hätten, von ungefähr 10 Jahren ist dort die Rede [203].

3.6 Covid-19 und die Virusgrippe – Wie gefährlich ist die Coronavirus-Pandemie?

Im vorherigen Kapitel wurde gezeigt, dass die saisonalen Influenza-Epidemien bzw. -Pandemien mehrere hunderttausend Tote pro Saison verursachen können. Aus diesem Grund liegt es nahe, die beiden Erkrankungen statistisch zu vergleichen mit Bezug auf die Folgen, insbesondere auf die Sterblichkeit. Das Lager der Lockdown-Skepsis, inklusive des amerikanischen Präsidenten, unternahm diesen Vergleich relativ häufig und zitierte entsprechende relativ niedrige Infektionssterblichkeits-Raten, beispielsweise aus der Heinsberg-Studie [190] oder aus der Santa Clara County-Studie [191].

Ein weiterer Zusammenhang besteht in den teils relativ ähnlichen Übertragungen sowie ähnlicher Symptome, die sowohl von Virusgrippen als auch von Covid-19-Erkrankungen hervorgerufen werden [204]. Auch die Reproduktionszahlen liegen relativ nah beieinander. Ein deutlicher Unterschied besteht hingegen in den möglichen Krankheitsverläufen. So ist der Anteil der Personen, die auf einer Intensivstation behandelt werden müssen, bei Covid-19-Erkrankungen deutlich größer. Dies hängt sicher auch mit unterschiedlichen epidemiologischen Merkmalen zusammen. An einer Influenza erkranken wesentlich mehr jüngere Menschen als dies bei Covid-19 der Fall ist.

Der genaue statistische Vergleich der Sterblichkeit zwischen Covid-19 und der Influenza ist eine erhebliche Herausforderung. Das zentrale Problem ist die ausbleibende sichere Feststellung des Todes durch eine Grippeinfektion, während in den Zeiten der Pandemie der Nachweis einer Infektion deutlich häufiger geschieht. Dazu zwei Beispiele: In der Schweiz sind gemäß der Daten des Bundesamts für Statistik BFS im Jahr 2017 genau 284 Personen nachgewiesen an einer Grippe verstorben [205]. In Deutschland waren es ein Jahr später den Daten der Gesundheitsberichterstattung zufolge 1741 Personen [206]. Diese beiden Zahlen bilden mit Sicherheit das Sterbegeschehen während einer Grippesaison nicht ausreichend ab. Aufgrund dieser Problematik werden Zahlen zur Sterblichkeit wegen einer Grippe in der Regel mittels statistischer Modelle berechnet, also geschätzt. In den Vereinigten Staaten wird die entsprechende Sterblichkeit auf diese Weise auf bis zu sechsmal häufiger geschätzt als die nachgewiesenen Grippe-Sterbefälle [207]. Gemäß einer Datenübersicht des Robert-Koch-Instituts liegen diese Schätzungen in Deutschland sogar bis zu einem Faktor 20 über den nachgewiesenen Grippe-Sterbefällen [119]. Demnach gab es allein in den Jahren nach 2010 vier Grippesaisons mit jeweils mehr als 20.000 Todesfällen.

Eine Ausnahme scheint Dänemark zu sein, wo offenbar umfangreich auch auf Influenza getestet wird. In einer Bevölkerungsstudie, deren Daten ungefähr die Hälfte der dänischen Einwohner umfasste, wurde ein direkter Vergleich der Sterblichkeit zwischen Personen unternommen, die positiv auf das Coronavirus und denen, die positiv auf Influenza-Viren getestet wurden [208]. Das relative Risiko an bzw. mit Covid-19 zu versterben lag dabei zwischen 3,0 bei stationär behandelten Personen und 5,4 bei ambulant behandelten Personen. Das Risiko an und mit dem Coronavirus zu sterben, war also deutlich größer als bei einer Infektion mit einem Influenzavirus.

Für den umfassenden Vergleich zwischen der Sterblichkeit von Covid-19 und der Influenza eignet sich näherungsweise erneut die EuroMOMO-Webseite [197]. Da hier – wie berichtet – statistische Verfahren angewendet werden, um auch zeitliche Vergleiche möglich zu machen, bietet sich eine genauere Sicht an. Die Daten liegen hier seit 2015/2016 vor. Der z-Faktor beschreibt dabei die Abweichung vom zu erwartenden Mittelwert. Demnach ergibt sich für die Schweiz beispielsweise Folgendes: In der Grippesaison 2015 betrug die maximale Abweichung 10,01. Während der Coronavirus-Pandemie waren es maximal 11,38. Für Schweden wurde im Jahr 2018 der Höchstwert von 5,24 registriert, in 2020 war es 12,93. In Spanien lag die stärkste Abweichung in der Saison 2016/2017 bei 13,2, in der Pandemie-Zeit bei 43,57.

Allein diese Vergleiche machen deutlich, dass die Sterblichkeit während der Coronavirus-Pandemie in vielen Ländern um ein Mehrfaches über der Mortalität ›normaler‹ Grippesaisons liegt. Dabei müssen jedoch noch die Auswirkungen des Lockdowns (oder weniger drastischer Maßnahmen im Falle Schwedens) berücksichtigt werden, welche die Sterblichkeit massiv gesenkt haben. Die Sterblichkeit würde mit Sicherheit in den meisten Ländern drastisch gegenüber einer Grippesaison erhöht sein, wenn nicht der Lockdown implementiert worden wäre.

3.7 Schlussfolgerungen – Das Virus und der Lockdown

Welche Informationen lassen sich aus diesem Kapitel für die Frage der Notwendigkeit des Lockdowns herausziehen? Von zentraler Bedeutung ist die

Neuartigkeit des Virus, das Überspringen der Artenbarriere zwischen Tier und Mensch und die schnelle globale Ausbreitung. Die Neuartigkeit hat zur Folge, dass vermutlich 100 Prozent der Bevölkerung empfänglich für die Infektion sind. Und das Vorkommen in Asien war kein Grund, nicht daran zu denken, dass Länder in Europa oder Nordamerika nicht betroffen sein könnten. Diese Potenziale und Dynamiken wurden nicht adäquat eingeschätzt.

Selbst wenn nur ein kleiner Teil der Infizierten und nachfolgend Erkrankten eine stationäre Behandlung in Anspruch nehmen muss, sind aufgrund der Übertragungsgeschwindigkeit des Virus die Kapazitäten des Gesundheitswesens schnell ausgeschöpft. Daher spielt auch die Belastbarkeit des Gesundheitswesens und hier vor allem der Intensivstationen eine große Rolle. In vielen Ländern war man sich offenbar nicht sicher, dass diese halten würden. Selbst in Deutschland, wo vergleichsweise viele Ressourcen vorhanden waren, wurden Notspitäler bzw. -kliniken aufgebaut. Eine Pandemieplanung, welche eine Infektion wie die im Frühjahr 2020 in den Griff bekommen und entsprechende Kapazitäten vorgehalten hätte, war kaum irgendwo umgesetzt worden.

Weiterhin unterschätzt wurden die Auswirkungen auf bestimmte Personengruppen. Die schon aus China vorliegenden epidemiologischen Informationen legten nahe, dass ältere und vorerkrankte Menschen ein erhöhtes Sterberisiko haben. Mit Ausnahme von Hongkong, Südkorea und Singapur [209] haben jedoch kaum Länder entsprechende Maßnahmen getroffen für Alters- und Pflegeheime, beispielsweise ausreichend Schutzmaterial vorzuhalten und Richtlinien über die Zusammenarbeit mit Spitälern auszuarbeiten. In diversen Ländern, etwa in Italien, den Vereinigten Staaten sowie in Großbritannien, sind während der Wochen mit hoher Belastung im Gesundheitswesen ältere Menschen aus Spitälern in Pflegeheime verlegt worden, und dies offensichtlich ungetestet auf das Coronavirus [210]. Um die Fallzahlen an Todesfällen in diesen Settings in Grenzen zu halten, mussten massive Restriktionen erfolgen.

Epidemiologische Daten lagen aus China auch für die große Anzahl asymptomatischer Fälle und der relativ langen Zeit bis zum Erleben von Symptomen bei einer Erkrankung vor. Personen, die noch keine oder gar keine Symptome erleben, sind in der Regel nicht motiviert, sich an Verhaltensregeln zu halten. Offensichtlich können hier nur administrative Maßnahmen greifen. Unterschätzt wurde auch das Potenzial von Superspreading-Events. Noch lange wurden beispielsweise nationale und internationale Fußballspiele mit großen Zuschauerzahlen zugelassen als längst klar war, wie sehr Massenveranstaltungen zur Verbreitung des Virus beigetragen haben.

Anfang März 2020 lagen die Reproduktionszahlen in Deutschland und in der Schweiz knapp unter 4. Bei einer weiteren Zunahme der Infektionen wäre das Gesundheitswesen flächendeckend unter Druck gekommen und nicht nur regional, wie etwa in der Schweiz im Tessin und in der Romandie, wo die Belastbarkeit teilweise überschritten wurde. Für die Schweiz ist die Belastbarkeitsgrenze schon bei einer Reproduktionszahl von 1,5 bis 2 erreicht [211], wenn damit eine große Prävalenz der Fälle verbunden ist. Das Potenzial für eine Epidemie, die außer Kontrolle geraten konnte, war vorhanden. Insofern war aus epidemiologischer Sicht geboten, nicht-pharmakologische Interventionen wie den Lockdown zu implementieren.

Im Verlauf von Frühjahr und Frühsommer 2020 wurden die Lockdown-Maßnahmen in den meisten Ländern des globalen Nordens eingeführt, allerdings mit unterschiedlicher Dauer und Rigidität (Details dazu in Kapitel 6). Bedingt durch die Restriktionen und durch die Anpassung individuellen Verhaltens an die Maßregeln sowie aus Sorge vor einer Infektion gingen die Neuinfektionen und die Sterblichkeitszahlen teils rasch, teils weniger rasch (z.B. Schweden und Vereinigte Staaten) zurück. Während des Sommers entwickelte sich in vielen Ländern ein deutlich verändertes epidemiologisches Bild gegenüber den ersten Wochen und Monaten der Pandemie. Zum einen stieg die Anzahl der Neuinfektionen leicht, ohne jedoch in vielen Regionen in exponentielles Wachstum zu gelangen. Wesentlichen Anteil an den vermehrten bestätigten Neuinfektionen hatte die Ausweitung der Testkapazitäten, wodurch die Dunkelziffer der Virusverbreitung verringert wurde. Die Test-Positivitäts-Rate blieb in der Schweiz auf leicht erhöhtem Niveau stabil (3 – 4 Prozent) [212], in Deutschland lag sie sogar erheblich niedriger (0,6 – 1 Prozent) [213]. Die von der Weltgesundheitsorganisation postulierte Grenzmarke von 5 Prozent wurde nicht erreicht.

Zum zweiten sank mit der leicht zunehmenden täglichen Inzidenz das Durchschnittsalter der infizierten Personen, beispielsweise in Deutschland auf 34 Jahre Anfang August 2020. Im April des Jahres hatte dies noch 50 Jahre betragen [214]. Die Hintergründe liegen zum einen in dem oftmals drastischen Schutz der Bewohnenden von Alterseinrichtungen vor einer Infektion und durch eine größere Exposition jüngerer Menschen im Rahmen von Freizeit und Ferienreisen. Die geringe Zunahme der bestätigen Neuinfektionen führte jedoch bis weit in den August 2020 hinein weder in Deutschland noch in der Schweiz zu steigenden Behandlungszahlen in Kliniken und Spitälern und auch nicht zu einer vermehrten Sterblichkeit. Gleiches galt für verschiedene weitere Regionen. Jüngere Menschen haben – wie oben ausgeführt – ein geringeres Erkrankungs- und Sterblichkeitsrisiko nach einer Infektion mit dem neuen Coronavirus. Neben der Verjüngung der Infizierten wurde auch über eine Abschwächung der Infektion spekuliert. Eine in Asien identifizierte weniger schwere Variante der Infektion hatte eine geringere inflammatorische Reaktion zur Folge, wodurch weniger schwerwiegende klinische Bilder entstanden [215]. Ob und inwieweit sich diese klinischen und epidemiologischen Entwicklungen stabilisieren oder aber während des Herbsts und des Winters von 2020 auf 2021 neue Belastungen auf die Gesundheitssysteme zukommen werden, darüber kann im Sommer 2020 nur spekuliert werden. Neben dem vermehrten Aufenthalt der Bevölkerung in Innenräumen, wodurch die Übertragungswahrscheinlichkeit steigt, ist verschiedentlich auf das Risiko des gemeinsamen Auftretens einer saisonalen Influenza und der Coronavirus-Infektion hingewiesen worden [216]. Unklar ist in diesem Zusammenhang, welche Auswirkungen die gleichzeitige Infektion haben könnte und ob sich schlicht die steigenden Fallzahlen beider Infektionsereignisse zu einer Überlastung der Behandlungskapazitäten aufaddieren können.

4. Das Erleben der Pandemie und ihrer Auswirkungen – Psychologische Dynamiken

Im vorherigen Kapitel sind biologische und epidemiologische Dynamiken beschrieben worden. Bei der Diskussion um die Notwendigkeit des Lockdowns kommt gelegentlich der Eindruck auf, dass diese Dynamiken allein ausreichen, um die Frage zu beantworten. Doch so einfach ist es nicht, wie in den beiden folgenden Kapiteln gezeigt werden soll. Die Epidemie trifft auf psychologische und gesellschaftliche Dynamiken, die mindestens ebenso relevant sind für die Beantwortung der Frage.

Die Pandemie und der Lockdown lösen nicht nur eine psychologische Dynamik aus, sondern mehrere unterschiedliche mit zum Teil massiven Folgen. Pandemien erzeugen Unsicherheiten, Ängste und andere psychische Reaktionen. Ein besonders beachtetes und eher skurriles Phänomen während des Frühjahrs 2020 waren die Panik- und Hamsterkäufe, beispielsweise von WC-Papier, Trockenhefe, Mehl oder Nudeln/Teigwaren. Dieses Phänomen ist aus vergleichbaren Situationen weltweit bekannt und hat etwas mit einer Mischung aus Sorge um tatsächliche Knappheit sowie mit dem Erlebnis eines Kontrollverlusts zu tun, der mit dem Kauf ansatzweise kompensiert werden kann [217].

Die Psyche ist zudem zentral für die Motivation der Umsetzung der Verhaltensempfehlungen und -maßnahmen, die während des Lockdowns implementiert werden. Pandemien sind aber auch schwer zu verstehen. Der Ausbruch und die großen Risiken für die Bevölkerung während des exponentiellen Wachstums lassen selbst Fachpersonen mit wissenschaftlicher Expertise die Gefahr unterschätzen, wie schon verschiedentlich zuvor beschrieben wurde. Schließlich erzeugen Pandemien quasi automatisch Verschwörungstheorien, die den offiziellen Verlautbarungen von Regierungen und Behörden diametral entgegenstehen.

Der Lockdown hingegen ist mit Ängsten in anderer Hinsicht verbunden. Zunächst verlangt die soziale Isolation ungewohntes Verhalten ab, das psychisch belastend sein kann. Dann kommen aber auch Sorgen um die wirtschaftliche Zukunft hinzu und schließlich eine gewisse Müdigkeit, sich an die Restriktionen und Verhaltensregeln zu halten, die dem gewohnten Leben zuwiderlaufen. In gewisser Weise folgt der Kurve der Infektionsepidemiologie eine Kurve »emotionaler Epidemiologie« [218]. Steigende Fallzahlen sind mit mehr Angst assoziiert, sinkende Fallzahlen reduzieren die Angst und führen zu einem Überdruss hinsichtlich Restriktionen. Aus allen diesen Gründen müssen die psychologischen Faktoren für die Implementierung sowie für Lockerungen von Restriktionen berücksichtigt werden.

4.1 Exponentielles Wachstum – Die kognitive Überforderung

Epidemien erzeugen eine erhebliche emotionale Komponente in Form von Angst und Unsicherheit. Es gibt jedoch auch einen nicht zu unterschätzenden kognitiven Anteil. Epidemien und Pandemien – das hat auch die Coronavirus-Pandemie erneut gezeigt – sind nur schwer zu begreifen. Es gab Fehleinschätzungen aller Orten, angefangen von dem Versuch, das Geschehen als Influenza zu behandeln bis hin zu den Prognosen von Infektionsfällen und Todesfällen. Diese Prognosen lagen teils deutlich neben dem, was dann im Verlauf wirklich geschah. Wir haben es – auch das wurde schon angedeutet – mit einem erkenntnistheoretischen Problem zu tun, und ein erheblicher Teil dieses Problems ist das Verständnis der Situation und der absehbaren Entwicklung. Epidemien bzw. Pandemien reproduzieren sich ab einem gewissen Zeitpunkt exponentiell, was in den Medien, in der Politik und in der Wissenschaft mit den zuvor bereits ausführlich erläuterten Indikatoren der Reproduktionszahl oder der Verdopplungszeit kommuniziert wird. Menschen haben allerdings Schwierigkeiten, das exponentielle Wachstum der Infektionsfälle in seiner Bedeutung zu erfassen und sich entsprechend zu verhalten, und dies, obwohl die grundsätzliche Problematik den meisten Menschen durchaus verständlich zu machen ist [219]. Dieses ›urmenschliche‹ Problem ist seit Jahrzehnten in der Psychologie bekannt [220]. Statt der Nicht-Linearität des Wachstums der Fallzahlen wird gewissermaßen intuitiv auf ein lineares Wachstum gesetzt, wodurch die Fallentwicklung weitaus weniger gefährlich erscheint. Gemeinsam mit anderen psychologischen Faktoren wie der Selbstüberschätzung kann die Unterschätzung des exponentiellen Wachstums ein zentrales

Element sein, das adäquates Verhalten während der Epidemie erschwert oder gar verhindert.

Das allgemeine Problem des Verständnisses exponentiellen Wachstums ist vor allem in der Finanzwissenschaft erforscht worden [221]. Die Zinseszins-Thematik ist auch für die Alltagsfinanzen äußerst relevant, beispielsweise bei der Frage der Verschuldung oder bei der Altersvorsorge. Schulden können explodieren, wenn Rückzahlungen versäumt werden und entsprechend höhere Verzugszinsen entstehen. Gleichermaßen können Vorsorgebeiträge – in Zeiten höherer Zinsen, die es heute kaum gibt – als nicht ausreichend eingeschätzt werden, wenn doch durch das vermehrte Ansparen ein Effekt entsteht, der über die Akkumulation hinausgeht.

Vor diesem Hintergrund ist es nicht verwunderlich, wenn es zu einer Unterschätzung der Ausbreitungsgeschwindigkeit während einer Epidemie kommt, die im Wesentlichen mit dem Problem des exponentiellen Wachstums zusammenhängt. Berühmt und berüchtigt waren die Aussagen des amerikanischen Präsidenten Trump, der sich – wider besseren Wissens – überzeugt zeigte, dass das Virus ›wundersam‹ verschwinden würde. Wie bedeutsam solche Fehleinschätzungen im politischen System sein können, ist während der Pandemie in Großbritannien klar geworden. Nach epidemiologischen Schätzungen hätten durch einen Lockdown, der eine Woche früher geschehen wäre, ungefähr 20.000 der bis zu diesem Zeitpunkt registrierten 41.000 Todesfälle vermieden werden können [222]. Eine kurze Zeitspanne hat bei exponentiellem Infektionswachstum dramatische Konsequenzen.

Im politischen Raum anzusiedeln sind auch die Versuche, durch Grenzschließungen die Ausbreitung des Virus zu verhindern, als in den jeweiligen Ländern das exponentielle Wachstum schon deutlich zu registrieren war und unter diesen Bedingungen die Anstrengungen an der Grenze eher zu vernachlässigende Wirkung hatten. Grenzschließungen haben natürlich eine besondere Symbolik, wie im nachfolgenden Kapitel noch ausführlicher zu beschreiben sein wird. Vermutlich aber steckt auch hier einerseits das Missverständnis dahinter, dass jeder zusätzliche Fall in linearem Sinne gravierend sei. Dies ist in der Situation des exponentiellen Wachstums jedoch nicht so. Im exponentiellen Wachstum ist es viel sinnvoller, die verfügbaren Ressourcen auf die Eindämmung der Verbreitung zu setzen als einzelne Fälle durch Grenzübertritte zu verhindern. Wenn die Fallzahlen sehr niedrig sind, sieht dies anders aus; hier machen Grenzkontrollen oder schnelle Testungen bei der Einreise durchaus Sinn.

Andererseits steckt auch hinter dem individuellen wie politischen Wunsch nach schnellen Lockerungen der Pandemie-bedingten Restriktionen wahrscheinlich die Einschätzung, man habe die Ausbreitung unter Kontrolle und könne zurück zur ›alten Normalität‹ kommen. Doch die alte Normalität steht immer unter Drohung des exponentiellen Wachstums der Fallzahlen, wie Verlauf des Sommers 2020 in Ländern wie Israel, Belgien oder in großen Teilen der Vereinigten Staaten deutlich wurde. Unterschätzung des epidemiologischen Risikos geht in diesen Situationen einher mit der Selbstüberschätzung eigener Möglichkeiten.

In einer empirischen Studie während der Pandemie konnte gezeigt werden, wie sehr diese Wahrnehmungen das Verhalten beeinflusst haben und wiederum durch politische Einstellungen selbst befördert wurden [223]. Das Herunterspielen der Gefahren und die Ablehnung von Masken und anderen Strategien beförderte demnach das Verhalten der Anhängerinnen und Anhänger der jeweiligen politisch Verantwortlichen. Dies macht das Zusammenspiel von individuellen und politischen Einstellungen besonders risikoreich, wie etwa an der Pandemie-Entwicklung in Brasilien oder an der Ausbreitung in republikanisch regierten Bundesstaaten der USA zu erkennen war. In der gleichen Studie ist jedoch auch untersucht worden, wie sich korrekte bzw. korrigierte Einschätzungen der Ausbreitung auf die Bereitschaft zur körperlichen Distanz auswirkten. Wenn realisiert wurde, dass die Szenarien bedrohlicher sind als zuvor gedacht, stieg in der Tat die Bereitschaft zu einem der Epidemie angepassten Verhalten deutlich an.

Eine große Herausforderung im Umgang mit dieser Problematik ist die Kommunikation des Indikators Virusausbreitung gegenüber der Bevölkerung. Diese wurde ebenfalls während der Pandemie empirisch in einer Online-Studie in der Schweiz untersucht [224]. Dabei wurde unterschieden zwischen den täglichen Wachstumsraten und der Verdopplungszeit. Die Befragten konnten mit der Verdopplungszeit besser umgehen als mit Prozentzahlen. Auch hier also war das exponentielle Wachstum ein Verständnisproblem.

Ist dieses Einschätzungsproblem auf Bildungsdefizite zurückzuführen? Offenbar nur zum Teil. Empirische Untersuchungen haben Laien sowie Expertinnen und Experten [225] oder auch Studierende der Ökonomie [226] befragt. Generell kann diesen Studien zufolge nicht davon ausgegangen werden, dass Menschen mit entsprechender Bildung und Expertise diese Fehleinschätzungen nicht unterlaufen. Fachexpertise scheint lediglich eine gewisse geringere Fehlerquote zu sichern.

Daher ist auch zu bezweifeln, ob – wie von Fachkreisen gefordert – ein verbessertes statistisches Wissen oder ›Risikokompetenz‹ hier Abhilfe schaffen kann. Eine der führenden Fachpersonen in diesem Bereich ist der Psychologe Gerd Gigerenzer, der verschiedentlich auf die Probleme hingewiesen hat, die durch ein Unverständnis von statistischen Aussagen und Risikoeinschätzungen entstehen können [227]. In einem Zeitungsbeitrag Anfang März 2020 warnte Gigerenzer vor Panik und mahnte, angesichts geringer Todeszahlen, einen kühlen Kopf zu bewahren und die Lektionen von früheren Epidemien zu berücksichtigen, die sich oftmals als weniger schlimm herausgestellt haben als zuvor befürchtet [227]. Ganz ähnlich argumentierte der Verhaltensökonom Cass Sunstein [228], der das auch in Pandemiezeiten von vielen Regierungen propagierte und im Verlauf dieses Kapitels noch ausführlicher zu behandelnde ›Nudging‹ (Anstupsen zu erwünschten Verhalten) bekannt gemacht hat. Sunstein meinte, das Risiko, sich mit dem Coronavirus zu infizieren sei geringer als bei einer Grippe und dann warnte er ebenfalls vor Panik. Wie jedoch schon an verschiedenen Stellen in diesem Buch festgestellt wurde, sind frühere Epidemien nur begrenzt in der Lage, sichere Hinweise auf den Verlauf neuer Epidemien zu liefern. Auch Expertinnen und Experten für menschliches Verhalten müssen ihre erkenntnistheoretischen Grenzen anerkennen [229]. Und zur Ehrenrettung von Sunstein muss festgehalten werden, dass er sich wenig später auf der gleichen Webseite deutlich vorsichtiger geäußert hat [230].

4.2 Angst und Unsicherheit – Emotionale Reaktionen auf die Pandemie und den Lockdown

Im globalen Norden hat sich der Umgang mit Problemen, Risiken und Schwierigkeiten in den vergangenen Jahrzehnten seit der Mitte des 20. Jahrhunderts drastisch gewandelt. Anders als viele Beobachtende zu wissen glauben, haben psychische Erkrankungen nicht oder nur sehr gering zugenommen [231]. Allerdings fühlt sich der zeitgenössische Mensch im Durchschnitt deutlich belasteter als früher. Diese Entwicklung nahm in den Vereinigten Staaten ab den 1950er/1960er-Jahren Fahrt auf und war anschließend in vielen weiteren Teilen des globalen Nordens zu spüren. In den Sozialwissenschaften wird diese Entwicklung unter dem Stichwort ›Psychologisierung‹ untersucht [232]. Damit ist gemeint, dass Problemstellungen zunehmend mit einer psychologischen Sichtweise betrachtet werden, so beispielsweise Kindererziehung oder Beziehungsschwierigkeiten. Es hat sich – so eine weit verbreitete Überzeugung – eine ›Therapiekultur‹ [233] entwickelt, die zwar viel Positives zur Folge hat, aber auch dazu führte, dass viele Menschen sich heute sehr verletzbar fühlen.

Vor diesem Hintergrund verwundert es nicht, wenn für aktuelle oder zukünftige Pandemien erhebliche psychologische Folgeschäden erwartet werden [234: 23ff.]. Diese könnten – so manche Einschätzungen – gravierender sein als die Infektionsepidemie selbst. Während der aktuellen Coronavirus-Pandemie ist in den Medien, in der Wissenschaft und in der Politik von Beginn an auf die möglichen psychischen Probleme in der Allgemeinbevölkerung, aber nicht zuletzt auch bei Menschen mit vorbestehenden psychischen Erkrankungen hingewiesen worden. Das britische *Royal College of Psychiatrists*, der psychiatrische Berufsverband, sprach nach einer Umfrage unter seinen Mitgliedern sogar von einem ›Tsunami‹ psychischer Störungen, der das Land heimsuchen würde [235].

Die psychologischen Reaktionen auf Infektionsgefahr, Infektionsfolgen und Lockdown können eine Reihe unterschiedlichster Aspekte betreffen [236]:

- Sorgen und Angst vor der Infektion im Allgemeinen,
- Sorgen und Angst aufgrund der Lockdown-Lockerungen (wenn man beispielsweise zu einer Risikogruppe zählt),
- Sorgen und Angst aufgrund der wirtschaftlichen Entwicklung,
- Belastungen aufgrund von Trennungen im Rahmen von Partnerschaften oder Familien während des Lockdowns, insbesondere auch bei Aufenthalten in Pflegeheimen,
- Belastungen aufgrund von Konflikten in Partnerschaften und Familien während des Lockdowns,
- Belastungen aufgrund von Isolation und Einsamkeit,
- Trauerreaktionen nach Verlusten durch Todesfälle während der Pandemie.

Aus dieser Aufstellung geht hervor, dass die Reaktionen auf die Infektionserkrankung als solche und die Reaktionen auf die sozialen Restriktionen während des Lockdowns in der Praxis kaum unterschieden werden können. Eine systematische Literaturübersicht über Maßnahmen wie Quarantäne und Isolation hat ergeben, dass unfreiwillige soziale Restriktionen gegen die eigene Person als besonders nachteilig und belastend erlebt werden [237]. Daher sollte man sie so kurz wie möglich halten. Die Gründe dafür sind einleuchtend:

»Aus psychologischer Sicht können die Folgen von sozialer Distanz mit zwei Worten charakterisiert werden – Isolation und Unsicherheit.« [238: 91] Die Unsicherheit jedoch kann – wie gezeigt – ebenso nach Aufhebung des Lockdowns entstehen.

Die psychologischen Reaktionen, das ist von früheren Epidemien bekannt, sind nicht uniform in der gesamten Bevölkerung. Sie reichen von der Ignoranz des Infektionsrisikos über gemäßigte Sorge bis hin zu schweren Belastungs- und Angstreaktionen [234: 24]. Ebenfalls bekannt sind klare Zusammenhänge mit Persönlichkeitsmerkmalen. So sind beispielsweise Menschen, die neurotizistische Merkmale aufweisen im Sinne einer erhöhten Sensibilität oder Unsicherheit, erwartungsgemäß belasteter und ängstlicher während einer Epidemie als andere, die diese Eigenschaften eher nicht haben [234: 39ff.].

Die teils immensen subjektiven Unsicherheiten verleiten manche Menschen dazu, ihr Heil in Behandlungs- und Präventionsmaßnahmen zu suchen, die aus wissenschaftlicher Sicht vollkommen unsinnig, ja irrational erscheinen [234: 27ff.]. Diese Phänomene waren auch während der Coronavirus-Pandemie zu sehen, als etwa einige Menschen Desinfektionsmittel tranken oder sich injizierten, wie auch vom amerikanischen Präsidenten Trump propagiert wurde – wie ernsthaft, dies blieb allerdings zunächst unklar. Später jedoch wurde deutlich, dass dies wider besseren Wissens erfolgte. Ernsthaft waren zum Teil jedoch die Folgen, es gab auch Todesfälle. Die Orientierung an vermeintlichen Autoritätspersonen ist gerade während Epidemien ein bekanntes Problem. Weniger gefährlich, aber psychologisch in die gleiche Richtung geht der Konsum von Vitaminen zur Steigerung des Immunsystems oder homöopathischer Mittel zur Virenabwehr. Subjektiv wird dadurch vermutlich das Sicherheitsgefühl erhöht, eine wirkliche Konsequenz für die Gesundheit steht dagegen sehr in Zweifel.

Die Forschung zu psychischen Folgen von Epidemien und Pandemien untersucht in der Regel drei große Gruppen: die Allgemeinbevölkerung, infizierte Personen sowie Mitarbeitende im Gesundheitswesen [239]. Über alle bisherigen Virusepidemien und Pandemien hinweg sind Angstsymptome und posttraumatische Belastungsreaktionen in allen drei Gruppen relativ häufig zu erkennen. Depressive Reaktionen treten etwas weniger auf. Allerdings sind auch viele weitere psychische Reaktionen und Verhaltensprobleme wie Suchtmittelmissbrauch und -abhängigkeit oftmals mit Infektionsausbrüchen verbunden. Die Nähe zu Epizentren von Epidemien sowie der direkte Kontakt zu infizierten Personen sind dabei besondere Risikofaktoren für psychischen Probleme.

Bei den psychischen Reaktionen ist immer zwischen kurzfristigen und längerfristigen Folgen zu unterscheiden. In der psychiatrischen Diagnostik wird in diesem Zusammenhang etwa zwischen (kurzfristigen) Anpassungsstörungen und längerfristigen Traumafolgen differenziert [240]. Eine ähnliche Unterscheidung ist auch bei den Reaktionen auf Epidemien angezeigt. Wie zahlreiche Untersuchungen aus früheren Epidemien und aus dem Jahr 2020 gezeigt haben, ist die akute Belastung auf ein solches Ereignis oft deutlich in Form von Angst und Depression zu spüren. Schon die ersten Studien aus China aus der Zeit mit hoher Infektionszahl machten deutlich, dass sich etwa die Hälfte der Bevölkerung erheblich verunsichert bis belastet gefühlt hat [241]. Eine relativ früh erstellte Meta-Analyse (eine statistische Analyse mehrerer Veröffentlichungen) mit Studien, die ebenfalls überwiegend aus China stammten, ergab Prävalenzraten von über 30 Prozent der Bevölkerung jeweils für Angst und Depression [242]. Es ist davon auszugehen, dass diese Zahlen gegenüber der Zeit vor der Epidemie erhöht sind. Es scheint jedoch Unterschiede zwischen verschiedenen Ländern zu geben, die möglicherweise auf verschiedene Befragungsmethoden und -instrumente, möglicherweise aber auch auf die Umstände in den jeweiligen Ländern zurückzuführen sind. Während eine Studie aus Großbritannien lediglich eine leicht erhöhte Belastung zeigte [243], war diese in einer Bevölkerungsstudie in den Vereinigten Staaten sehr ausgeprägt [244]. Die Unterschiede zwischen den Ländern kamen auch in einer so genannten Sentiment-Analyse von Millionen Twitter-Nachrichten zum Vorschein [245]. Demnach sank vor allem in Italien und Frankreich nach dem Lockdown die Stimmung drastisch, während sie sich etwa in Deutschland nur gering veränderte. Dies mag zum Teil an verschiedenen ausgeprägten emotionalen Kulturen liegen, zum anderen vermutlich aber auch an den vergleichsweise geringeren sozialen Restriktionen in Deutschland. Jedoch ist es nicht allein die psychische Belastung, welche zugenommen hat unter dem akuten Eindruck von Pandemie und Lockdown. Gleichzeitig, so eine Untersuchung aus Neuseeland, stieg mit der Belastung das Vertrauen in die Politik und die Wissenschaft [246]. Allerdings ist die Anzahl der Studien, die Vergleiche mit der Zeit vor der Pandemie erstellt haben, sehr begrenzt, so dass bis zum Sommer 2020 nicht wirklich beurteilt werden konnte, wie sehr sich das Erleben der Pandemie auf die psychische Befindlichkeit ausgewirkt hat.

Im Lockdown verbrachten viele Menschen mehr Zeit zu Hause mit Home-Office oder weil sie von Kurzarbeit und Entlassungen betroffen waren. Gleichzeitig entstanden viele Sorgen um die eigene Gesundheit, das Schicksal von Familie und Freundeskreis sowie der Wirtschaft. Dieses Konglomerat von Faktoren war vermutlich dafür verantwortlich, dass der Alkoholkonsum deutlich zunahm [247]. In einer australischen Studie waren es primär die Frauen, die erheblich mehr konsumierten als in einem Vergleichszeitraum vor der Pandemie. Bei beiden Geschlechtern war erhöhter Stress mit mehr Konsum assoziiert, bei Männern machten sich zusätzlich noch berufsbedingte Probleme bemerkbar.

Es gibt jedoch einige Hinweise, die darauf schließen lassen, dass sich – zumindest für den Großteil der betroffenen Allgemeinbevölkerungen im globalen Norden – keine negativen Befindlichkeiten entwickelt haben oder sich diese negativen Befindlichkeiten im Laufe des Frühsommers 2020 wieder verbessert haben. Im Rahmen einer deutschen Studie wurden Befragte aus der Allgemeinbevölkerung verglichen mit Menschen, die unter einer chronischen psychischen Erkrankung leiden und mit Menschen, die akut psychiatrisch behandelt wurden [248]. In allen drei Gruppen veränderten sich psychiatrische Symptomatik nicht in Relation zu einem Messzeitpunkt vor der Pandemie. Eine – natürlich nicht repräsentative – Studie über Pandemie-bezogene Inhalte auf der Social Media-Plattform Twitter beispielsweise zeigte, wie sehr Angst-Themen seit Beginn der Epidemie rückläufig waren, während Themen rund um Ärger (z.B. über Quarantäne) deutlich zunahmen [249]. Repräsentativ war dagegen eine deutsche Studie, welche die gleiche Tendenz in Bezug auf Angst berichtete [250]. Ebenfalls im Längsschnitt ist die Entwicklung der psychischen Reaktionen in Dänemark mit einem validierten, das heißt qualitativ hochwertigem, Fragebogen untersucht worden. Hier zeigte sich die gleiche Tendenz insofern, als die kombinierten Angst-/Depressionsreaktionen im Zeitverlauf deutlich rückläufig waren [251]. Und selbst aus den Vereinigten Staaten wurde im Laufe des Sommers 2020 eine rückläufige psychische Belastung in der Allgemeinbevölkerung berichtet [252]. Schließlich wurde in einer repräsentativen deutschen Untersuchung bei der Covid-19-Risikogruppe älterer Menschen keine wesentlichen Abweichungen gegenüber früheren Daten hinsichtlich der psychischen Belastung festgestellt [253].

Eine interessante Entwicklung der psychischen Belastung zeigten Ad hoc-Befragungen der US-amerikanischen *Centers for Disease Control and Prevention* CDC. Die CDC sind bekanntermaßen für alle Aspekte der Infektionskontrolle in den USA zuständig. Sie führen aber auch regelmäßige Befragungen zur psychischen Befindlichkeit durch. Im Rahmen des wöchentlichen ›Household Pulse Survey‹ werden dabei zwischen 70.000 und 90.000 Personen im gesamten Land repräsentativ befragt [254]. Im Vergleich zum Zeitraum 2019 stellten die CDC eine deutlich erhöhte Belastung in Form von Angst- und Depressionssymptomen fest. Auf der entsprechenden Webseite kann man zudem die zeitliche Entwicklung der Belastung in den einzelnen Bundesstaaten betrachten. Dabei wird augenfällig, dass in den ersten Wochen der Pandemie gerade die Bundesstaaten an der Ostküste wie New York, New Jersey und Connecticut die höchsten Werte aufweisen, welche zu dieser Zeit die höchste Infektionsbelastung berichteten, während sich dies im weiteren Zeitverlauf deutlich veränderte. Mitte Juni 2020 etwa waren die südlichen Bundesstaaten Louisiana, Texas und Florida gemeinsam mit dem Westküstenstaat Oregon führend in der psychischen Belastung. Mitte bis Ende Juli des Jahres veränderte sich dies in Richtung Südwesten, wo – wiederum mit Oregon – New Mexico, Nevada und Arizona die höchste psychische Belastung berichteten. Wenn man die Infektion in den Vereinigten Staaten verfolgt hat, dann ist eine gewisse Korrelation zwischen psychischer Belastung und Infektionsgeschehen nicht von der Hand zu weisen. Dabei ist auch zu berücksichtigen, dass das Infektionsgeschehen wiederum mit Lockdown-Maßnahmen korreliert. Die gerade berichteten Zusammenhänge zwischen psychischer Belastung, Infektionsgeschehen und Restriktionen wurden zudem in einer größeren Bevölkerungsstudie bestätigt [255].

Ein möglicher Grund für die nicht dramatisch angestiegenen Stressreaktionen bzw. das sogar rückläufige Belastungserleben ist die Kompensation der vormals persönlichen Sozialkontakte durch virtuelle Begegnungen. Dies ist jedenfalls die Interpretation der Daten einer Untersuchung über das Erleben sozialer Verbundenheit, das sich nicht erheblich veränderte hatte [256]. Nicht ausgeschlossen werden kann auch, dass gerade in dieser Situation alte Sozialkontakte, die über längere Zeit nicht gepflegt worden waren, wieder neu belebt wurden. Bindung und Kontaktsuche sind unter anderem biologisch unterfütterte Verhaltensmuster, die sich gerade während Bedrohungssituationen bemerkbar machen [257]. Und ein weiterer Faktor kann möglicherweise in einem gewissen Sicherheitsgefühl liegen, das paradoxerweise durch den Lockdown ausgelöst wird. In einer US-amerikanischen Untersuchung äußerten diejenigen Teilnehmenden, die während der Restriktionen unterwegs sein mussten und mobiler waren als andere Personen, eine leicht höhere psychische Belastung [258] – dies korrespondiert mit der oben beschriebenen negativen Reaktion auf die Aufhebung sozialer Reaktionen. Schließlich haben sehr wahrscheinlich auch die wirtschaftlichen Stützungsmaßnahmen mit dazu beigetragen, dass die Ängste in der Bevölkerung nicht so stark zugenommen haben, wie befürchtet. So wiesen in einer britischen Studie Menschen in Kurzarbeit eine deutlich bessere psychische Gesundheit auf als diejenigen, die ihre Stelle im Rahmen der Pandemie verloren hatten [259].

Während die psychologischen Reaktionen in der Allgemeinbevölkerung relativ umfangreich untersucht worden sind während der Coronavirus-Pandemie, wurden gleichzeitig erhebliche Bedenken bezüglich der Probleme von Menschen mit vorbestehenden psychischen Erkrankungen laut. Die Bedenken bezogen sich auf das Risiko einer Verschlimmerung der Erkrankung und auf die deutlich reduzierte psychiatrische Versorgung während des Lockdowns [7]. Wie sehr sich diese Sachverhalte ausgewirkt haben, dies kann nur über Studien untersucht werden, welche Vergleichszeiträume vor der Pandemie berücksichtigen. Dies ist bis zum Sommer 2020 nur selten geschehen. Die wenigen vorhandenen Untersuchungen bestätigen die Befürchtungen jedoch nicht in dem erwarteten Ausmaß. Eine deutsche Studie mit Daten aus den ersten vier Wochen des Lockdowns ergab keinerlei Hinweise auf eine sich verschlechternde psychische Gesundheit. Ein Grund dafür sind vermutlich die ohnehin reduzierten Sozialkontakte von Menschen mit schweren psychischen Erkrankungen [260]. Eine französische Untersuchung ergab, dass die Notfalleinweisungen in psychiatrische Zentren im Großraum Paris im Vergleich zum Vorjahreszeitraum drastisch zurückgingen, dies galt auch für Suizidversuche [261]. Erste Daten über vollendete Suizide während der Pandemie und der Zeiten des Lockdowns liegen bis Anfang September 2020 aus Japan [262] und aus Großbritannien [263] vor. Beide Publikationen legen einen Rückgang der Todesfälle durch Suizid nahe. Aus Deutschland sind bis Anfang September 2020 keine genauen Daten bekannt. Ein entsprechender Pressebericht geht nach Rückfragen bei Anbietern psychiatrischer Dienstleistungen jedoch nicht von einem Anstieg der Suizide aus [264]. Generell gingen während der ersten Wochen der Pandemie die Internet-Suchen nach Suizidmethoden ebenfalls klar zurück; auch dies ist ein Indikator dafür, dass die Suizidalität während der Akutphase der Pandemie eher rückläufig war [265]. Möglicherweise liegt hier eine Parallele zu den aus Kriegszeiten bekannten Reduktionen von Suizidalität vor [266]. Diese werden bedingt durch das Erleben eines verbesserten sozialen Zusammenhalts und durch die Fokussierung auf Überlebensstrategien.

Die bis hierher referierten Studienresultate beziehen sich auf den Infektionsausbruch und die nachfolgenden Bekämpfungsmaßnahmen. Ungewiss bis zum Sommer 2020 sind die Konsequenzen aus der sozioökonomischen Entwicklung. Sollten sich die Indikatoren verfestigen, die eine massive wirtschaftliche Rezession anzeigen, so ist mittel- bis langfristig ein erheblicher Anstieg von Suiziden zu erwarten. Die Gründe hierfür, das ist aus der Forschung über frühere Rezessionen bekannt, sind vor allem Arbeitslosigkeit und Verschuldung [267]. Arbeitslosigkeit allein, so hat eine Modellierungsstudie vor der Pandemie ergeben, steigert das Suizidrisiko um 20 bis 30 Prozent [268]. Daher wären auch in einer Rezession, die durch die Pandemie ausgelöst wird, tausende zusätzliche Suizide zu erwarten. Hinzu käme noch ein Vielfaches an Suizidversuchen [269].

All dies lässt darauf schließen, dass die psychologischen Reaktionen auf die Pandemie und den Lockdown von verschiedenen Faktoren abhängen [siehe hierzu: 239]. Da ist zunächst die Wahrnehmung des Infektionsrisikos zu nennen und die direkte Betroffenheit der eigenen Person oder anderer Personen im Umfeld. So ist etwa die deutlich höhere psychische Belastung von Gesundheitsfachpersonen bekannt, die zum einen mit an Infektionen erkrankten Menschen arbeiten und die zum anderen selbst dadurch ein erhöhtes Infektionsrisiko tragen. Gleichermaßen ist aus früheren Epidemien eine erhöhte psychische Reaktion von Menschen bekannt, die in Regionen leben, welche besonders von einer Epidemie betroffen sind. Dies entspricht jedoch nicht ersten Erhebungen aus Italien, die gezeigt haben, dass die Nähe zum frühen Ausbrüchen keinen Unterschied bezüglich der Lebensqualität und psychischen Gesundheit ausgemacht haben [270]. Die große landesweite Medien-Aufmerksamkeit hat möglicherweise die Belastungen entgrenzt.

Des Weiteren ist sehr wahrscheinlich die Intensität, die Akzeptanz und die Länge der Restriktionen von Bedeutung. Das heißt, je stärker betroffen die Menschen sind und je länger und massiver von Restriktionen eingeschränkt, desto wahrscheinlicher ist eine negative psychologische Reaktion. Ob und inwieweit diese Reaktion dann in eine psychische Erkrankung mündet, das ist wiederum von vielen zusätzlichen Faktoren abhängig, beispielsweise von der sozialen Unterstützung auf die betroffenen Menschen zurückgreifen können. Und schließlich sind die mittel- bis langfristigen Folgen im Rahmen der wirtschaftlichen Entwicklung zu berücksichtigen.

4.3 Verhaltensänderungen während der Pandemie

Die nicht-pharmakologischen Interventionen während einer Epidemie verlangen erhebliche Verhaltensänderungen ab. Übliche Routinen und geschätzte Sozialkontakte werden teils über Wochen und Monate hinweg außer Kraft gesetzt. Zusätzlich müssen neue Maßregeln wie die Einhaltung körperlicher Distanz oder das Tragen einer Gesichtsmaske umgesetzt werden. Wie schwierig das sein kann, war während der Pandemie an vielen Stellen und zu vielen Zeiten zu registrieren. Diese Schwierigkeiten werden in der Epidemiologie mit dem Begriff des ›Präventionsparadox‹ umschrieben [271]. Das Paradox beinhaltet den Widerspruch, dass mein individuelles Verhalten mir als Person wenig bringt, aber der sozialen Gruppe, in der ich lebe, relativ viel. Prominentes Beispiel hierfür ist die Impfung gesunder Menschen, die selbst ein geringes Krankheitsrisiko tragen, aber durch ihr Verhalten die Übertragung einer Infektion auf Personen mit höherem Risiko verhindern.

Im Großen und Ganzen jedoch, das ist in verschiedenen Studien bestätigt worden, zeigen Menschen unter einer massiven Bedrohung eher pro-soziales und solidarisches Verhalten [272]. Während der Pandemie im Frühjahr 2020 war dies an vielen Stellen sichtbar. Quartiers- und Nachbarschafts-Initiativen oder aber auch Unterstützungsgruppen für ältere Menschen bildeten sich spontan. Anekdotisch ist mir bekannt geworden, dass in vielen Bereichen mehr Hilfsbereitschaft entstand als Hilfebedarf existierte. Insofern kann von der grundsätzlichen Bereitschaft ausgegangen werden, alle notwendigen Maßnahmen zu unterstützen, die es braucht, um sich selbst und vor allem um andere Menschen zu schützen.

Allerdings wird in vielen Fällen zwischen der Notwendigkeit und den Einschränkungen des persönlichen Komforts abgewogen. Während etwa in Deutschland die frühe Verordnung des Maskentragens im Grunde ohne großes Murren hingenommen wurde, sah es in der Schweiz bei den Empfehlungen, dies zu tun, eher nicht so aus; die Maske hatte bis in den Juni 2020 keine große Akzeptanz im Land, wie aus Umfragen hervorging [273]. Die Landesregierung brauchte einige Zeit und die Erfahrung, dass die Infektionszahlen sich in eine unerwünschte Richtung entwickelten, um dann landesweit das Maskentragen im öffentlichen Verkehr anzuordnen (der in der Schweiz weitaus größere Bedeutung hat als in Deutschland). Einzelne Kantone setzten diese Maßnahme zudem in Läden um.

Eine zentrale Voraussetzung für die Umsetzung von Verhaltensänderungen sind eindeutige Botschaften der politisch Verantwortlichen und der Behörden [274]; dies ist Teil des so genannten ›Nudging‹, des Anstupsens von Verhaltensänderungen bei Verzicht auf erzwungene Maßnahmen [275]. Wir allen kennen Nudging etwa von den Hinweisen auf Gesundheitsrisiken bei Zigaretten oder Lebensmitteln. Nudging will uns ›richtiges‹ Verhalten aufzeigen, aber die ultimative Entscheidung den Individuen überlassen. Derartige Methoden können nicht-pharmakologische Interventionen während des Lockdowns erheblich unterstützen, wenn sie klar und konsistent kommuniziert werden. Die unklaren Aussagen und widersprüchlichen Verfahren zwischen verschiedenen Bundesstaaten und Städten haben vermutlich in den Vereinigten Staaten dazu geführt, dass die behördlichen Vorgaben nur sehr gering zur Verhaltensänderung beigetragen haben, wie eine empirische Untersuchung nahelegt [276]. Demgegenüber waren es dort primär individuelle Entscheidungen, die offenbar von der Angst vor der Infektion getrieben wurden. Interessanterweise haben präventive Verhaltensänderungen während einer Epidemie – erzwungen oder freiwillig – den Effekt, dass sie nicht isoliert bleiben. In einer umfangreichen Meta-Analyse konnte gezeigt werden, wie etwa die Einführung bestimmter Maßnahmen nicht dazu geführt haben, dass andere Verhaltensweisen missachtet wurden [277]. Wer eine Maske akzeptiert, ist auch eher bereit, Handhygiene beizubehalten. Es gibt, mit anderen Worten, keine Kompensationseffekte, sondern die Maske ist vermutlich ein Zeichen für die Ernsthaftigkeit der Situation, wodurch dann weitere Änderungen erleichtert werden – auch ein Effekt des Nudging.

Klare politische und behördliche Vorgaben sind insbesondere dann effektiv, wenn sie gleichzeitig mit moralischen Botschaften angereichert sind, etwa in dem Sinne, dass man mit dem individuellen Verhalten auch das Leben vieler anderer Menschen retten kann, die womöglich ein deutlich größeres Gesundheitsrisiko tragen. Nicht verschwiegen werden soll dabei jedoch auch die mögliche Folge, dass die Moralisierung zu Konflikten mit den Personen führen kann, welche die Änderungen nicht oder nicht so strikt umsetzen [278]. Insofern ist die Moralisierung von Gesundheitsbotschaften nicht in jedem Fall angezeigt, denn unter Umständen können Individuen die Verhaltensänderung gar nicht durchführen. Dies ist etwa bei der Maskenpflicht für Menschen mit Atemwegs- oder Hauterkrankungen der Fall. Noch weitreichender und umfassender sind Verhaltensmaßgaben wie Distanz bei Menschen, die in Wohn- und Arbeitsverhältnissen leben, welche das gar nicht zulassen [279]. Die Pandemie hat an vielen Orten die besondere Exposition von Menschen mit einem niedrigen Sozialstatus oder mit einem Hintergrund von Migration und ethnischer Minderheit deutlich gemacht.

Eine weitere Voraussetzung ist die Herstellung einer gemeinsamen sozialen Identität [280]. Dabei besteht natürlich die Gefahr, dass die eigene soziale Identität zur Herabsetzung anderer führt, da soziale Identitäten in der Regel von der Differenz zu anderen Gruppen leben [60], beispielsweise indem infizierte Menschen stigmatisiert werden oder die Herkunft des Virus aus China zu einer Diskriminierung von Menschen mit asiatischem Aussehen führt – all dies ist auch geschehen während der Hoch-Zeit der Pandemie. Dagegen standen jedoch Versuche, eine soziale Identität herzustellen, welche die Gemeinsamkeiten gegen das Virus betonten. Entsprechend wurden die Botschaften in Publikumsmedien und sozialen Medien geformt, und man konnte in der Tat zeitweilig eine größere Rücksichtnahme und Aufmerksamkeit gegenüber Mitmenschen bemerken.

Die Akzeptanz der Lockdown-Maßnahmen war sowohl in der Schweiz als auch in Deutschland von Beginn an recht groß. Die Ausrufung der so genannten außerordentlichen Lage wurde nur von 9 Prozent der befragten Personen in der Schweiz als übertrieben aufgefasst [281]. Über die Lockdown-Phase hinweg äußerten lediglich 15 bis 20 Prozent der Befragten in Umfragen, dass ihr Vertrauen in die Regierung der Schweiz gering sei. In Deutschland stieg die Akzeptanz einschränkender Maßnahmen im April 2020 sprunghaft an und ging dann langsam bis in den Sommer etwas zurück. Auch hier war das Vertrauen in Behörden und Regierung relativ hoch und blieb stabil auf dem Niveau [282].

Weitaus größer als die drastischen Verhaltensänderungen im Lockdown sind die Herausforderungen, mit gelockerten Maßnahmen sich dennoch präventiv zu verhalten. Moralische Beurteilungen und praktische Abschätzungen werden jetzt individualisiert [283]. Was ist wann erlaubt? Wie weit sind 1 Meter und 50 Zentimeter tatsächlich entfernt, und wie gehe ich mit Mitmenschen um, die sich nicht (mehr) an die veränderten Spielregeln halten? Strikte Regeln sind einfacher anzuerkennen und durchzuhalten, bei Lockerungen wird es deutlich schwieriger. Allerdings sind auch ganz strikte Regeln auf Dauer kaum einhaltbar, wie man etwa von der AIDS-Pandemie weiß. Komplette Abstinenz ist in sexueller Hinsicht für viele Menschen in Risikogruppen genauso wenig möglich wie beim Konsum von Drogen. Und auch für soziale Kontakte braucht es Ventile, die erlaubt sein müssen, ansonsten finden sie illegal statt – Quarantäne-Müdigkeit stellt sich irgendwann automatisch ein [284].

4.4 Die Suche nach einer Erklärung – Verschwörungstheorien

Quarantäne-Müdigkeit ist ein Quasi-Automatismus, der sich im Laufe von Epidemie und Lockdown ergibt. Nahezu nach einem Drehbuch entwickelt sich während Epidemien und Pandemien ein weiterer Aspekt, nämlich Verschwörungstheorien [234: 63ff.]. Dieser Aspekt zieht sich durch die Seuchengeschichte von der mittelalterlichen Pest (›jüdische Brunnenvergiftung‹) über die Spanische Grippe zum Ende des Ersten Weltkriegs (›Aspirin der Firma Bayer löst die Grippe in den Vereinigten Staaten aus‹) bis hin zur Zika-Epidemie um 2015 (›Globale Schattenorganisation von Eliten will den Globus entvölkern‹).

Verschwörungstheorien haben im Zusammenhang mit Epidemien nicht selten tödliche Auswirkungen. In der jüngeren Geschichte haben vor allem während der AIDS-Epidemie in Südafrika durch die Ablehnung der Virustheorie und die Vorstellung, HIV sei eine US-amerikanische Biowaffe, viele Menschen keine Präventionsmaßnahmen ergriffen und keine Behandlung in Anspruch genommen. Diese Einstellungen wurden tragischerweise auch über lange Zeit von höchsten Regierungsmitgliedern im Land vertreten [285].

Aufgrund der nahezu in jeder Epidemie auftauchenden Verschwörungstheorien konnte auch während der Coronavirus-Pandemie erwartet werden, dass sich so etwas erneut entwickelt. Besonders weit verbreitet war die Theorie, der Microsoft-Gründer Bill Gates stecke hinter der Pandemie und wolle unter dem Vorwand einer Massenimpfung verfolgbare Microchips bei allen Menschen einpflanzen lassen. Knapp die Hälfte der Wähler der Republikanischen Partei in den USA hat diese Theorie im Mai 2020 für plausibel gehalten [286]. Eine weitere Theorie brachte den Mobilfunkstandard 5G mit der Verbreitung des Virus in Verbindung, woraufhin in verschiedenen europäischen Ländern Sendemasten zerstört wurden. Diese Theorien weisen zentrale Elemente auf, die gewöhnlicherweise in entsprechenden Verschwörungen enthalten sind [287]: nicht-zufällige Zusammenhänge zwischen Menschen, Handlungen und Objekten; ein großer Plan; die Verschwörung mit verschiedenen Mitwirkenden; gezielte Feindseligkeiten; Geheimhaltung. Ausschließlich faktenbasierte Gegenargumente lassen Menschen, die Verschwörungstheorien vertreten, in der Regel kaum umstimmen. Diese Theorien haben, und das wird häufig übersehen, einen wichtigen emotionalen Anteil [288]. Die Wahrheit fühlt sich für diese Menschen anders an und die Gemeinschaft der um die Verschwörung ›Wissenden‹ hat zudem eine sinnstiftende unterstützende Funktion.

Im Zusammenhang mit der Coronavirus-Pandemie sind Verschwörungstheorien umso gravierender als vermutlich nur eine Impfung in der Lage sein wird, die Pandemie und die Bewältigungsmaßnahmen zu beenden. Impfungen sind seit langem ein Thema, um das sich diese Theorien drehen, eine intensive Diskussion um dieses Thema ist jedoch erst seit etwa 20 Jahren zu bemerken. Hintergrund hierfür ist eine Studie im Fachblatt *Lancet*, welche einen vermeintlichen Zusammenhang zwischen der Masern-Impfung und kindlichem Autismus nachzuweisen suchte. Obwohl die Studie nicht nur fehlerhaft war, sondern auch gefälscht und obwohl die Publikation später offiziell zurückgezogen wurde [289], wirkt dieser nichtexistierende Zusammenhang bis heute nach. Entsprechende Verschwörungstheorien finden sich weltweit, sind aber vor allem in den wohlhabenderen Ländern des globalen Nordens weit verbreitet, wie eine internationale Studie gezeigt hat [290]. Im Kern handelt es sich dabei um eine Mischung aus gesundheitlichen Besorgnissen mit individualistischen und populistischen Motiven. Genau diese Mischung hat sich auch während der neuen Pandemie finden lassen. Es geht um das Verhältnis des Staats zum Individuum (›ich lasse mir nichts vorschreiben‹), der Wissenschaft (›Eliten, denen geht's doch auch nur um Profit‹) und um Gesundheit (von ›ist ohnehin alles übertrieben‹ bis › Impfung ist mit zu viel Nebenwirkungen behaftet‹). Daher kann es kaum überraschen, wenn führende Persönlichkeiten der impfkritischen Anti-Vaxx-Bewegung, wie der Autor der gefälschten Autismus-Studie, auf Veranstaltungen gegen den Lockdown auftraten und die Pandemie für aufgebauscht (›Hoax‹) erklärten [291].

Die Bereitschaft, sich gegen das Coronavirus impfen zu lassen, ist gerade im globalen Norden nicht besonders groß. Nur ungefähr die Hälfte der in Umfragen während des Sommers 2020 befragten Personen in Deutschland und gab an, sie würden sich auf jeden Fall impfen lassen [292]. Dabei war die Impfskepsis unter Frauen deutlich größer als unter Männern. Aus anderen Ländern sind ähnliche Zahlen publiziert worden. Insofern sind die Einstellungen gegenüber einer möglichen Impfung gerade für die Beendigung der Pandemie-Bekämpfung äußerst relevant. Es besteht das Risiko, dass selbst nach der Verfügbarkeit der Impfung das Virus im nicht-geimpften Teil der Bevölkerung zirkuliert und weiterhin erhebliche Ressourcen des Gesundheitswesens in Anspruch nimmt.

4.5 Schlussfolgerungen – Die Psychologie und der Lockdown

Die Pandemie und der nachfolgende Lockdown hatten erhebliche Folgen für die Psyche der davon betroffenen Menschen. Der Zusammenhang von Psychologie und Lockdown bezieht sich – grob gesprochen – auf vier zentrale Aspekte: das Verständnis der Pandemie, die Reaktionen auf das Infektionsrisiko und die Restriktionen, die Verhaltensanpassungen während der Bekämpfungsmaßnahmen sowie den Umgang mit abstrusen Theorien zu Ursprung und Folgen der Pandemie wie die Impfung. Generell bestand in den meisten Ländern des globalen Nordens ein recht großes Verständnis für die sozialen Restriktionen nach dem Infektionsausbruch. Für die Etablierung, aber auch für die Lockerung von Lockdown-Maßnahmen ist zu berücksichtigen, dass die psychologischen Reaktionen weder im Querschnitt eines Zeitpunkts einheitlich sind, noch im Längsschnitt über die Zeit. Manche Menschen fühlen sich durch die Restriktionen verunsichert, andere hingegen erleben sich geschützt durch die Restriktionen. Zudem ändert sich die eingangs zitierte emotionale Epidemiologie im Verlauf der Epidemie in verschiedene Richtungen. Angst und Verunsicherung sind mit der Eindämmung der Infektionen rückläufig gewesen. Zumindest auf kürzere Sicht haben sich die psychologischen Reaktionen auf Pandemie und Lockdown nicht so negativ entwickelt, wie erwartet wurde. Im Zusammenhang mit den psychischen Folgen gilt somit das Gleiche, das im nachfolgenden Kapitel bezüglich der wirtschaftlichen Folgen deutlich wird. Die rasche Eindämmung der Infektionen wirkt sich positiv auf die psychischen Konsequenzen aus. Generell lässt dies, bei aller Psychologisierung und Verletzlichkeit, auf eine gewisse psychische Resilienz der Bevölkerung im globalen Norden schließen. Festzuhalten bleibt auf jeden Fall die große Bedeutung psychologischer Faktoren für den gesellschaftlichen Umgang mit der Pandemie. Wissenschaft, Medien, Politik und Wirtschaft beobachten die psychologischen Entwicklungen sehr genau und nutzen die Informationen für die jeweils eigenen Abläufe und Entscheidungen – wie im nachfolgenden Kapitel beschrieben wird.

5. Die Reaktionen auf die Pandemie – Wissenschaftliche, mediale, politische und ökonomische Dynamiken

Biologische und epidemiologische Dynamiken spielen eine große Rolle bei der Pandemieausbreitung und bei ihrer Bekämpfung. Diverse psychologische Dynamiken kognitiver und emotionaler Art sind, das sollte das vorherige Kapitel deutlich gemacht haben, von zusätzlicher Bedeutung. Diese Dynamiken zeigen an, wie Individuen auf eine derart massive und unerwartete Bedrohung reagieren, wie sie die Pandemie darstellt. Um abschließend beurteilen zu können, ob der Lockdown notwendig war, bedarf es aber weiterer Betrachtungen, nämlich über die Dynamiken im gesellschaftlichen Bereich. Hier entwickelten sich gleich zu Beginn der Ausbreitung der Infektion in vielen Ländern äußerst interessante Phänomene, welche bekannte gesellschaftliche Muster und Routinen quasi auf den Kopf stellten.

Spätestens seit der Einsicht des früheren US-amerikanischen Präsidenten Bill Clinton, dass Wahlen nur über den wirtschaftlichen Erfolg eines Landes gewonnen werden können (›It's the economy, stupid‹), ist deutlich geworden, das zu normalen Zeiten wirtschaftliche Aspekte im politischen System eine dominante Rolle spielen. Während der Pandemie jedoch war auf einmal die Ökonomie, die Leitsemantik der modernen Gesellschaft, gar nicht mehr leitend, sondern die Politik ließ sich von der Wissenschaft über das unterrichten, was zu tun sei. Ökonomische Relevanzen wurden gegenüber wissenschaftlichen und gesundheitlichen Prioritäten deutlich in den Hintergrund gedrängt. Die Medien informierten über Monate hinweg über Daten, Hintergründe und Folgen der Pandemie. Fachpersonen aus Forschung und Gesundheitsadministration wurden zu Medienstars, die eine große Aufmerksamkeit erhielten. Die Gesellschaft insgesamt, aber auch die einzelnen Teilsysteme befanden wochenlang in einem sozialen »Ausnahmezustand« [293], der vieles möglich machte, was zuvor unmöglich erschien.

Der Lockdown wurde in der Phase des gesellschaftlichen Ausnahmezustandes entschieden und umgesetzt. Welche gesellschaftlichen Bedingungen dazu beitrugen und wie die verschiedenen gesellschaftlichen Systeme miteinander interagierten, das ist das Thema dieses Kapitels. Ich folge dabei einer soziologischen Theorie, welche die Gesellschaft als funktional differenziert begreift [294]. Das heißt, zur Lösung gesellschaftlicher Probleme haben sich unterschiedliche gesellschaftliche Systeme entwickelt, die jeweils einer eigenen Logik folgen. Das politische System operiert nach anderen Vorgaben als das Wirtschaftssystem, dieses wieder anders als das Wissenschaftssystem. Ganz grob und ohne zu sehr in soziologische Details vorzudringen: Im Wissenschaftssystem geht es um die Produktion von als wahr bezeichneten Forschungsergebnissen, welche über die Reputation der handelnden Personen abgestützt werden [295]. In der Politik werden bindende Entscheidungen getroffen und diese werden über politische Macht abgesichert [296]. Das mediale System dient der (Selbst-)Beobachtung der Gesellschaft und insbesondere der Beobachtung des politischen Systems [297]. Im Wirtschaftssystem wird über Geld und Zahlungen operiert und damit wird die Allokation, das heißt, die Verteilung von Gütern, Dienstleistungen und Arbeit hergestellt [298]. Gleichwohl nehmen die verschiedenen Systeme die jeweils anderen zur Kenntnis und lassen sich informieren – die eigenen Operationen werden dann dennoch nach ganz eigenen Maßgaben durchgeführt. Was das genau bedeutet und wie sich das im Rahmen der Coronavirus-Pandemie ausgewirkt hat, wird anschließend beschrieben.

5.1 Die Pandemie in der Wissenschaft

Niemals zuvor in der jüngeren Geschichte haben Wissenschaft und Forschung so viel Aufmerksamkeit in der Öffentlichkeit, in den Medien und in anderen Bereichen der Gesellschaft auf sich gezogen wie während der Coronavirus-Pandemie. Verschiedene Personen aus Virologie und Epidemiologie, aber auch aus Soziologie und Psychologie sind teils berühmte Medienstars geworden. In Deutschland ging der Hype um den Virologen Christian Drosten sogar so weit, dass in Medien gefragt wurde: »Kann Drosten Kanzler?«

Virologische Begriffe wie ›Herden-Immunität‹ oder epidemiologische Termini wie ›Reproduktionszahl‹ oder ›Verdopplungszeit‹ gehörten alsbald zum Stammrepertoire von Gesprächen im Freundeskreis und während Videokonferenzen. Kaum ein Print-, Rundfunk- oder Online-Medium konnte darauf verzichten, erklärende Info-Grafiken zu erstellen. Das mikroskopische Abbild des Coronavirus wird heute lebenden Menschen noch auf Jahre hinaus in das Gedächtnis gebrannt sein.

Zahlreiche wissenschaftliche Disziplinen haben große Anstrengungen zur Pandemiebekämpfung unternommen. Im Bereich der Naturwissenschaften lagen die Schwerpunkte auf der Untersuchung der Übertragungswege der Infektion, der Entschlüsselung der Virusgenetik, der Erforschung der Immunabwehr, der Entwicklung von Therapeutika zur Behandlung während der Infektion sowie der Entwicklung von Impfstoffen. Die Epidemiologie untersuchte die Verbreitung der Infektion und modellierte den weiteren Verlauf der Pandemie. In den Materialwissenschaften wurden Schutzmaßnahmen gegen die Verbreitung entwickelt und auf Wirksamkeit geprüft. Psychologie und Sozialwissenschaften haben Folgen der Pandemie erforscht und Hinweise für verhaltensbezogene Maßnahmen entwickelt. Und im medizinischen Bereich hat sich jede Disziplin um Folgen und Prävention für ihre Gruppe von Patientinnen und Patienten gekümmert.

Besonders relevant für die Reaktion in den Wissenschaften war die global vernetzte Forschung. Das moderne Wissenschaftssystem ist ohnehin ein weltweites System auch schon vor der Pandemie gewesen. Jetzt etablierten sich binnen kurzer Zeit Forschungsgruppen, deren Mitglieder zuvor nichts miteinander zu tun hatten, es gab einen freigiebigen Austausch von Daten, Forschungsinstrumenten und Methoden. Wissenschaftsverlage machten ihre Pandemie-bezogenen Publikationen allen Interessierten frei verfügbar, wo eigentlich Lizenz- oder Abonnementsgebühren angefallen wären.

Für die Öffentlichkeit hat sich trotz gelegentlicher Differenzen im Detail eine Sicht der Wissenschaft ergeben, die relativ eindeutig auf die Gefahren der Pandemie hingewiesen hat und pharmakologische sowie nichtpharmakologische Interventionen entwickelt hat [299]. Wenn man Editorials [z.B. 19] aus führenden medizinischen oder Forschungszeitschriften betrachtet, dann machen sich hier keine Zweifel bezüglich der Bekämpfungsstrategie bemerkbar. Hinter den für die Öffentlichkeit zugänglichen Kulissen sah der Umgang mit der Coronavirus-Pandemie deutlich anders aus. Das Wissenschaftssystem mit sämtlichen Disziplinen von den Naturwissenschaften, über die Sozialwissenschaften bis hin zu den Geisteswissenschaften – man darf das wohl so nennen – explodierte. Innerhalb weniger Monate wurden tausende Artikel geschrieben und Forschungsanträge bei Förderinstitutionen eingereicht. Die Fachöffentlichkeit wurde mit einem Ausmaß an Informationen überschwemmt, der schon zu einem frühen Zeitpunkt selbst für Insiderinnen und Insider kaum noch zu bewältigen war. Und für die allgemeine Öffentlichkeit war die unübersichtliche Menge und die darin enthaltende Widersprüchlichkeit noch weniger zu durchschauen – die Wissenschaft war Teil der die Epidemie begleitenden »Infodemie« [300].

Selbst als ein am Rande Beteiligter konnte man zwischenzeitlich den Eindruck haben, die Wissenschaft hatte im Frühjahr 2020 nur ein einziges Thema: die Pandemie und ihre Auswirkungen. Dieser Eindruck kommt nicht von ungefähr, da nämlich sehr viele laufende Forschungsprojekte zu anderen Themen unterbrochen oder sogar abgebrochen werden mussten. Ihre Durchführung war entweder mit gesundheitlichen Risiken für die beteiligten Personen verbunden oder aber sie war aus logistischen Gründen (z.B. Reisebeschränkungen) nicht möglich. Nicht nur aus diesem Grund änderten viele Forschende ihre Themenschwerpunkte und investierten Zeit und Aufwand in Corona-bezogene Wissenschaft. Der Transparenz halber sei angemerkt, dass der Verfasser ebenfalls daran beteiligt war.

Hinzu kam, dass die großen Forschungsförderinstitutionen wie der Schweizerische Nationalfonds zur Förderung der wissenschaftlichen Forschung (SNF) oder die Deutsche Forschungsgemeinschaft (DFG) zusätzlich zur Regelförderung noch weitere Sondermittel zur Verfügung stellten, die ausschließlich für Pandemie-bezogene Projekte zugänglich waren. Auf die Ausschreibungen für diese zusätzlichen Mittel wurden erheblich mehr Projektanträge eingereicht als dies bei den üblichen Verfahren der Fall ist. Aus eigener Erfahrung mit einem leider nicht bewilligten Antrag beim SNF weiß ich, dass sich die Erfolgsquote gegenüber den sonstigen Verfahren halbiert hatte.

Bezüglich des Anstiegs der Forschungsprojekte und Publikationen muss auch bedacht werden, dass es kaum einen gesellschaftlichen Bereich gibt, der nicht von der Pandemie betroffen ist. Daher verwundert es nicht, wenn – von gewissen naturwissenschaftlichen Grundlagenfächern abgesehen – jedes Forschungsgebiet etwas beitragen konnte und wohl noch auf Jahre hinaus beitragen kann. Bis Ende Juli 2020 sind in der wissenschaftlichen Literatur-Suchmaschine ›Google Scholar‹ über 34.000 Einträge verzeichnet, die das neue Coronavirus im Titel tragen.[1] Schließt man den Januar 2020 aus, da die ersten relevanten Veröffentlichungen erst Ende dieses Monats erschienen, so kommt man auf durchschnittlich 183 Publikationen pro Tag. Wenn man nach Publikationen sucht, die irgendwo im Text Begriffe erwähnen, die mit dem Virus zusammenhängen, dann stößt man auf 58.000 Veröffentlichungen. Dies sind im Vergleich zu früheren Epidemien mehrere Tausend Publikationen mehr [301]. In der Mehrzahl handelte es sich bei den Publikationen nicht um Studien mit Daten, sondern um Meinungsäußerungen [302] – nicht überraschend angesichts der kaum vorhandenen empirischen Basis in der Frühzeit der Pandemie. In diesem Zusammenhang wurden jedoch auch schon Stimmen laut, die dazu aufriefen, die Kurve der Publikationen ebenso abzuflachen wie die Kurve der Infektionen [303].

Die Coronavirus-bezogene Forschung im Jahr 2020 war dabei, in der Flut der Publikationen zu ertrinken [50]. Im Gegensatz zu ›normalen‹ Zeiten im Forschungsbetrieb haben sich während der Pandemie zwei Trends ergeben, von denen einer in Ansätzen schon länger vorhanden war. Gemeint sind die so genannten Preprints sowie die deutlich verkürzte Zeit zwischen dem Einreichen eines Manuskripts bei einer wissenschaftlichen Zeitschrift und der Veröffentlichung. Preprints können von den Verfasserinnen und Verfassern der Publikation ohne das bei Zeitschriften vorhandene Begutachtungsverfahren auf den jeweiligen Servern (so genannten Repositorien) eingestellt werden. Sie existieren in der Physik sowie in der Mathematik schon seit mehreren Jahrzehnten [304], sind aber erst in der jüngeren Zeit wirklich in den Fokus breiterer Forschungskreise getreten [305]. Bis vor kurzem haben sich viele wissenschaftliche Zeitschriften außerhalb der Naturwissenschaften geweigert, Publikationen überhaupt in den Begutachtungsprozess zu nehmen, wenn die Arbeit schon irgendwo zu lesen war. Exklusivität war von den Einreichenden in der Regel zu bestätigen. Dies hat sich in Teilen schon vor der Pandemie gewandelt, allerdings waren einflussreiche Zeitschriften und Verlage lange gegen diese Aufweichung der traditionellen Vorgehensweise.

Schon vor der Pandemie hatten sich jedoch in Disziplinen wie der Psychologie und der Medizin Repositorien entwickelt, die im Zuge der *Open Science*-Strategie in der Forschungspolitik entstanden waren. Unter der ›Offenen Forschung‹ wird gemeinhin verstanden, dass die Forschungspraxis mit größtmöglicher Transparenz durchgeführt wird und dass die Ergebnisse, die

---

1 allintitle: »Covid-19« OR »Sars-CoV-2« OR »Coronavirus« OR »Corona«; https://scholar.google.de

zu großen Teilen durch Steuergelder ermöglicht werden, allen Interessierten ungehindert zur Verfügung stehen [306]. Letzteres ist traditionell nicht der Fall gewesen, da die großen Wissenschaftsverlage es verstanden haben, sich den Zugang sehr gut bezahlen zu lassen und diesen auch nur für lizenzierte Interessierte ermöglicht haben.

Dies war die Ausgangsposition zu Beginn der Pandemie: Preprints waren möglich, aber nicht verbreitet. Mit der Pandemie sollte sich dies dramatisch ändern [307]. Schon Mitte April 2020 wurden auf den Preprint-Servern ›Medrxiv‹ und ›Biorxiv‹ wöchentlich mehr als 1.500 Manuskripte hochgeladen, von denen ein großer Teil Covid-19-bezogen waren. Das heißt, es gehörte fast zum Standard der Publikationspraxis, alle Manuskripte vor oder während der Eingabe bei der Zeitschrift auf die Server zu laden. Und die eigene Erfahrung zeigte auch, dass die Preprints heruntergeladen und gelesen wurden. Mit dieser Praxis ist natürlich unter Umständen einem Wildwuchs von Artikeln Tür und Tor geöffnet worden, bei der die Qualität der Forschungsarbeiten zu wünschen übrig lassen kann. Dies ist für die weitere Öffentlichkeit solange kein Problem, wie es die Grundlagenforschung in Physik oder Mathematik betrifft. Sobald aber potenzielle Therapieverfahren berührt werden, könnte es riskanter werden.

Ein weiterer potenziell problematischer Aspekt in diesem Zusammenhang ist die journalistische Aufbereitung der Publikationen für die Publikumsmedien und die sozialen Medien. Für die Preprint-Server haben sich diese Medien kaum interessiert, solange es nur um naturwissenschaftliche Grundlagenforschung ging. Nun aber wurden die neu eingestellten Arbeiten von Nicht-Fachpersonen, die Journalistinnen und Journalisten üblicherweise sind, gescreent und die Resultate wurden aufbereitet für die breite Öffentlichkeit. Und selbst wenn die resultierenden Artikel Hinweise enthielten, dass die jeweilige Arbeit noch nicht begutachtet worden war, verbreiteten sich die Botschaften global. So geschehen etwa mit der Seroprävalenz-Studie aus dem Santa Clara County in Kalifornien [191], die eine deutlich höhere Infektionsprävalenz in der Bevölkerung berichtete, welche wiederum mit einer sehr geringen Infektionssterblichkeit korrespondierte – auf diese Studie, ihre methodischen Probleme und den Co-Autor John P. Ioannidis wurde in Kapitel drei ausführlich eingegangen. Die Lockdown-kritische rechts-konservative Publizistik in den Vereinigten Staaten und darüber hinaus nahm die Resultate gerne auf, um die vermeintliche Überreaktion der Behörden zu kritisieren [308]. Die Studie wurde ebenfalls in Deutschland und in der Schweiz entsprechend rezipiert [30].

Zu dem Preprint-Problem gesellte sich ein zweites Problem bei den Publikationen, nämlich die große Geschwindigkeit, mit der wissenschaftliche Arbeiten erstellt, eingereicht, begutachtet und publiziert wurden. Dies dauert, wie angedeutet, normalerweise mehrere Monate. Während der Pandemie im Frühjahr 2020 verkürzte sich die Dauer von Eingabe bis Publikation um die Hälfte, davon ging der größte Anteil auf die Peer-Review [309]. Nunmehr wurden Gutachtende gedrängt, innerhalb weniger Tage ihr Votum abzugeben. Die begutachteten Arbeiten wurden teilweise vor der Publikation nicht mehr in eine Druckfassung gesetzt, sondern es wurden die eingereichten Manuskripte veröffentlicht. Es kam zu dem fast paradoxen Phänomen, dass in einer Zeit, wo sehr viel von guter Wissenschaft abhängt, die Standards und Qualitätskriterien faktisch aufgeweicht wurden zugunsten der Publikationsgeschwindigkeit [310].

Die Absenkung der Standards bezog sich nicht nur auf die Publikation, es war auch die Durchführung der Studien selbst, die unter erheblichem Zeitdruck stand und wo teilweise die üblichen methodischen Anforderungen zugunsten von Ergebnissen abgesenkt wurden [311]. Dies begann im Übrigen schon bei der Beantragung von Forschungsgeldern, bei der – wie ich zum eigenen Leidwesen erfuhr – die Anträge innerhalb weniger Tage bis Wochen geschrieben sein mussten (was üblicherweise Monate braucht) und wo sich die Forschenden verpflichten mussten, die Projekte innerhalb weniger Wochen auf den Weg zu bringen (was üblicherweise ebenfalls mehrere Monate braucht).

Angesichts dieser Tendenz überrascht es auf der einen Seite nicht, wenn aus der Forschung heraus mitunter widersprüchliche Studienergebnisse kommuniziert wurden – wie etwa die Empfehlungen zum Tragen von Masken oder die zwischenzeitliche Relevanz von Oberflächenkontaminationen, während doch die Aerosole eine wesentlich größere Rolle bei der Übertragung des Virus spielen. Auf der anderen Seite gehören Uneindeutigkeiten zum Prozess der wissenschaftlichen Praxis. Einzelne Studien widersprechen sich nun einmal, sei es aus methodischen Gründen oder aber aus Zufall. Dieser Umstand machte sich vor allem im Zusammenhang mit den epidemiologischen Modellierungsstudien bemerkbar, die oftmals als Hintergrund für politische Entscheidungen dienten. Hier wurden in verschiedenen Arbeiten nicht selten drastische Unterschiede bei den zu erwartenden Fallzahlen und Todesfällen berichtet.

Bei diesen Studien handelt es sich um statistische Regressionsmodelle, welche einen zeitlichen und gelegentlich auch räumlichen Verlauf von Epidemien darstellen sollen [170]. Allerdings sind solche Studien mit einer großen Unsicherheit behaftet, die für Laien in der Regel nicht transparent ist. Ein auf den britischen Statistiker George Box zurückgehendes Bonmot, das während der Pandemie gelegentlich zitiert wurde, besagt, dass alle statistischen Modelle falsch seien, aber manche nützlich [312]. Diese Einschränkungen werden jedoch in der Öffentlichkeit selten realisiert und die Modellresultate werden für präzise Prognosen gehalten – was sie angesichts der Unsicherheiten und Annahmen gar nicht sein können. Vor allem zu Beginn der Pandemie waren diese Studien mit so vielen Unwägbarkeiten untermauert, so dass geringe Veränderungen in den Parametern zu großen Differenzen bei den Ergebnissen führen mussten. Aus diesen Gründen sind die Modelle zwar falsch, aber sie können nützlich sein, um bestimmte Tendenzen und das mögliche Ausmaß von Infektionsausbrüchen zu verdeutlichen.

Um die zu erwartenden Differenzen in den Ergebnissen einzelner Studien auszugleichen, hat sich in der Medizin das Format der Meta-Analyse durchgesetzt, eine statistische Methode, bei der die Studienergebnisse mehrerer vorheriger Arbeiten zusammengefasst werden. Es ist in der Regel zielführender, 50 Studien statistisch zu aggregieren als die 51. Studie zur gleichen Thematik zu wiederholen (und dann womöglich zu anderen Resultaten zu kommen). Man kann dieses Vorgehen, wenn es denn funktioniert, gewissermaßen als Korrektur- und Selbstreinigungsmechanismus empirischer Forschung betrachten. Es geht um die als ›wahr‹ gekennzeichneten Forschungsresultate; so funktioniert das moderne Wissenschaftssystem wie zu Beginn des Kapitels angedeutet wurde. Das Wissenschaftssystem produziert keine absoluten Wahrheiten, sondern setzt »...die Hypothetik aller Wahrheit...« [294: 740] voraus. Das heißt, sie kodiert die eigenen Resultate als wahr – und das kann sich, wie im Verlauf der ersten Monate der Pandemie, rasch ändern. In der Mathematik und ihren Anwendungsfeldern Statistik sowie Epidemiologie existiert mit dem so genannten ›Bayes'schen Theorem‹ eine Formalisierung dieses Sachverhalts [313]. Es geht, weniger formal gesagt, um die permanente Anpassung der Annahmen und Schlussfolgerungen an die Datenlage.

In diesem Sinne hat sich in den ersten Monaten der Pandemie zwar kein wissenschaftlicher Konsens bezüglich der Notwendigkeit des Lockdowns herausgebildet, allerdings konnte nach vielen tausenden Publikationen eine grobe Richtung identifiziert werden, die man durchaus als wissenschaftlichen Mainstream betrachten kann. Diese Mainstream-Richtung basierte auf den vielen tausenden Studien, von denen sich zahlreiche Arbeiten mit derselben Thematik befasst haben. Im Endeffekt gehörten folgende Aspekte zu den Annahmen und Schlussfolgerungen: das Virus ist gefährlicher als eine saisonale Grippe, es existiert keine Immunität, der Verzicht auf Restriktionen würde das Leben von Millionen Menschen gefährden, das Gesundheitssystem droht überlastet zu werden und die Lockdown-Maßnahmen können als nicht-pharmakologische Interventionen wesentlich zur Bewältigung der Pandemie beitragen [299]. Insofern schließen diese Aspekte direkt an den Forschungsstand an, wie er zum Ende des Kapitel 2 berichtet worden ist.

5.2 Die Pandemie in den Medien

Epidemien gehören zu dem Themenkreis, der auch schon vor der Pandemie zu den größten Risiken für die Gesundheit der Bevölkerung gezählt wurden. Spätestens seit der AIDS-Epidemie, insbesondere aber seit dem SARS-Ausbruch im Jahre 2002, wurde diese Thematik intensiv medial behandelt [314]. Die SARS-Epidemie war auch der erste große Infektionsausbruch, bei dem das Internet eine gewichtige Rolle für Informationsverbreitung und -gewinnung spielte. Diese Entwicklung der medialen Behandlung sollte sich mit der Pandemie im Jahr 2020 noch einmal erheblich verstärken. Coronavirus-Schlagzeilen dominierten spätestens ab März des Jahres die Nachrichtenseiten und -programme. In Kanada waren es im April etwa 65 Prozent aller Schlagzeilen [315]. In der Schweiz beinhalteten in der Spitzenzeit der Pandemie 70 Prozent aller Beiträge einen Bezug zum Virus und den Folgen [316]. Epidemien erfüllen, das hatte die einschlägige Publizistik-Forschung schon einige Jahre zuvor festgestellt, nahezu sämtliche Kriterien, welche Neuigkeitswert ausmachen: Unerwartetheit, ansteigende Intensität, Negativität, Relevanz, Sinnhaftigkeit, Kontinuität und Unvorhersagbarkeit [317]. Es sei am Rande bemerkt, dass die permanente mediale Aufmerksamkeit während der Pandemie nicht nur positive Effekte hatte, sondern für viele, eher psychisch vulnerable Menschen, durchaus negative Konsequenzen zur Folge hatte [318]. Daher wurde Menschen mit psychischen Belastungen häufig empfohlen, sich eine gewisse Medien-Abstinenz aufzuerlegen.

Die Ergebnisse der oben beschriebenen Covid-19-bezogenen Forschung hatte ebenfalls großen Neuigkeitswert und wurden in den Publikumsmedien, aber auch in den sozialen Medien wie YouTube, Twitter, Facebook oder in Messenger-Diensten wie WhatsApp und Telegram intensiv begleitet und weiterverbreitet. Forschende und Kommunikationsabteilungen von Universitäten bedienten sich der sozialen Medien, um über akzeptierte Publikationen oder Preprints zu berichten. Wissenschaftliche und politische Diskussionen wurden oftmals über Twitter und Co. ausgetragen. Und über diese Diskussionen wurde dann wiederum in den Publikumsmedien ausführlich berichtet. Soziale Medien hatten offenbar in einem gewissen Maße eine positive Funktion zur Verbreitung und Diskussion relevanter Inhalte.

Es gab aber auch das Gegenteil. Ähnlich einem in meiner Kindheit weit verbreiteten Spiel, der ›Stillen Post‹, verbreiteten sich Falschnachrichten mit permanenter leichter Veränderung in Windeseile um den gesamten Globus. Im März erreichte mich beispielsweise über eine WhatsApp-Gruppe die Warnung vor dem Medikamentenwirkstoff Ibuprofen, einem Entzündungshemmer und Schmerzmittel. Gemäß dieser Nachricht hätte die Universitätsklinik in Wien Daten gesammelt, welche ein erhöhtes Risiko für eine Infektion mit dem Coronavirus belegen sollten, wenn man Ibuprofen eingenommen hatte. Über eine schnelle Internet-Recherche stellte sich innerhalb von zwei Minuten heraus, dass diese Meldung bereits von der Universität Wien dementiert worden war. Hintergrund der Entwicklung war eine Meinungsäußerung in der Zeitschrift *The Lancet*, wo auf die Möglichkeit eines solchen Zusammenhangs theoretisch hingewiesen wurde, ohne dies jedoch mit Daten zu belegen [319]. Allein dieser – aus wissenschaftlicher Sicht eher belanglose – Artikel reichte aus, um zahlreiche Menschen zu verunsichern.

Soziale Medien bedienen sich dieser Informationen naturgemäß ungefiltert und haben daher durchaus ein großes Potenzial für Falschmeldungen, welche zu nachteiligen Gesundheitskonsequenzen führen können [320]. Die Einnahme eines anderen Präparats statt Ibuprofen durch ängstliche Betroffene hätte durchaus das Risiko nicht-erwünschter Wirkungen gehabt. Zudem werden gerade über soziale Medien Nachrichten und Meinungen verbreitet, die sich in großen Publikumsmedien nicht finden lassen und die nicht selten den Bemühungen um die Pandemie-Eindämmung durch Regierungen und Behörden zuwiderlaufen.

Der Konsum sozialer Medien hängt für Konsumierende mit einer größeren Wahrscheinlichkeit zusammen, Verschwörungstheorien und Falschinformationen im Allgemeinen sowie bezüglich der Pandemie im Besonderen für plausibel zu halten. Dies gilt vor allem für jüngere Menschen sowie für Männer [321]. Neben Telegram-Gruppen ist YouTube eine besondere Plattform für die Verbreitung von Falschinformationen und korrespondierenden Verschwörungstheorien. Hier können Videos mit entsprechenden Botschaften hochgeladen und von Nutzenden kommentiert sowie weiterverbreitet werden. Schon während der letzten Influenza-Pandemie im Jahr 2009 war aufgefallen, dass ein nicht unerheblicher Teil der hier bereitgestellten Informationen in die Richtung von Verschwörungstheorien ging [322]. Ähnliches zeigte sich auch während der Coronavirus-Pandemie [323]. Dies ist umso relevanter, als YouTube täglich von bis zu zwei Milliarden Nutzenden weltweit konsumiert wird. Und wenn nur ein kleiner Teil der Konsumierenden die Botschaften weiterverbreitet und das eigene Verhalten danach richtet, dann hat es Konsequenzen für Millionen Menschen. Die Tendenz zur häufigen oder gar ausschließlichen Nutzung sozialer Medien ist auch mit einer Ablehnung von Impfstoffen assoziiert [324].

Innerhalb sozialer Medien wie Facebook oder YouTube haben sich schon vor der Coronavirus-Pandemie relativ klar abgrenzbare Lager von Nutzenden gebildet, die entweder wissenschafts- und impfkritisch sind oder aber eindeutig die Standardsicht von Forschung und Behörden teilen [325]. Aus diesem Grund sind Bemühungen, die kritischen Nutzenden durch rationale Präventionsbotschaften in den sozialen Medien zu erreichen, relativ erfolglos. Es existieren kaum Verbindungen und Kommunikationskanäle zwischen den Lagern, über die entsprechende Botschaften verbreitet werden können. Trotz anderslautender Ankündigungen der Betreiberfirmen, gegen Falschinformation und Verschwörungstheorien vorgehen zu wollen, konnten sich diese während der Pandemie im Frühsommer 2020 dort oftmals ungehindert verbreiten.

Insgesamt jedoch spielte diese Art von Falschinformation in den sozialen Medien, beispielsweise in der Schweiz, nur eine nachgeordnete Rolle [326]. Behörden und andere etablierte Nutzende dominierten in den ersten Wochen das Geschehen klar und konnten ihre sach- und aufklärungsbezogenen Botschaften verbreiten. Möglicherweise ist dies in anderen Ländern nicht so gewesen. Diese Annahme wird bestärkt durch Umfragen zum Vertrauen in die Pandemie-Berichterstattung der Publikumsmedien wie Fernsehen und große Tageszeitungen [327]. Dieses Vertrauen war in den Ländern des globalen Nordens unterschiedlich groß. Das meiste Vertrauen genossen entsprechende Medien in Deutschland, während dies etwa in Frankreich und Großbritannien deutlich geringer war. In Großbritannien ließ sich gemäß den Umfragen auch noch eine politische Lagerbildung entlang der Brexit-Linie finden. Brexit-Befürwortende trauten den Medien erheblich weniger.

In den Vereinigten Staaten richtete sich das Vertrauen bzw. Misstrauen entlang der bekannten Unterschiede im Medienkonsum der Bevölkerung ab. Anhängerinnen und Anhänger von Präsident Trump konsumierten deutlich mehr rechtskonservative Medien wie etwa *Fox News*, wo zahlreiche Verschwörungstheorien und Falschmeldungen in Sachen Covid-19 verbreitet wurden [328]. Die Pandemie wurde dort als ein weiterer Versuch gesehen, Donald Trump politisch zu schaden. Die Mainstream-Medien, so die Meinung, würden Panik schüren, um der Wirtschaft zu schaden und die Wiederwahl des Präsidenten zu gefährden. Bei den Konsumierenden stießen diese Botschaften auf Resonanz. *Fox News*-Zusehende hielten sich erheblich weniger an die Präventionsbotschaften, etwa sich nicht in der Öffentlichkeit zu bewegen [329]. Es gibt auch empirische Hinweise darauf, dass in Regionen, in denen diese rechts-konservativen Medien mehr als anderswo konsumiert wurden, die Sterblichkeit größer war [330].

Inwieweit diese Fehlinformationen und ihre nachfolgenden Konsequenzen korrigierbar sind, das ist vor allem für soziale Medien relevant. Plattformen wie Facebook oder Twitter hatten im Sommer 2020 vereinzelt damit begonnen, offensichtliche Falschnachrichten entweder zu sperren oder aber mit Hinweisen zu versehen. Dies kann, einer experimentellen Studie im Zusammenhang mit Covid-19-informationen zufolge, tatsächlich dazu führen, dass die Nutzenden sich vor einer Weiterverbreitung der Fake News Gedanken machen und kritischer werden [331]. Man kann solche Hinweise durchaus als Form des im vorherigen Kapitel behandelten Nudgings verstehen. Auf diese Weise können unerwünschte Informationen zwar nicht verhindert, aber in ihrer Ausbreitung eingedämmt werden.

Die konventionellen Publikumsmedien haben, wie eingangs beschrieben, die Coronavirus-Thematik zu dem entscheidenden Thema des ersten Halbjahrs 2020 gemacht. Ihre Perspektive war auf die Gesundheitskrise und deren Folgen insgesamt gerichtet. In der Publizistik wird die Behandlung verschiedener Aspekte und Themen in den letzten Jahren auch im Deutschen unter dem Stichwort ›Framing‹ erforscht. Unter diesen ›Rahmen‹ versteht man die Einbettung von Themen in bestimmte Deutungsraster bzw. Deutungsmuster. Gemäß einer Analyse international führender Medien haben sich folgende Frames ergeben, mit denen über die Pandemie primär kommuniziert wurde [332]: wirtschaftliche Folgen, ›Human Interest‹ (menschliche Schicksale/Interessen), Konflikt (z.B. der Krieg gegen das Virus), Moral/Religion, Zuschreibung von Verantwortung (z.B. der Ursprung der Infektion), Politisierung der Pandemie, Ethnisierung (z.B. negative Beschreibung von Menschen mit asiatischem Aussehen), Angst, Hoffnung. In einzelnen nationalen Medien können die Frames durchaus abweichen. Mit einer ähnlichen Zielsetzung sind in einer kanadischen Studie folgende Themen identifiziert worden: Ausbruch in

China, Wirtschaftskrise, Gesundheitskrise, Hilfe für Menschen, Soziale Auswirkungen, Niedergang des Westens [315].

Unzweifelhaft haben diese Frames Wirkungen auf die Öffentlichkeit und die Wahrnehmung der Entwicklung der Pandemie gehabt. Es gibt empirische Hinweise darauf, dass sich etwa in Deutschland die Stimmung veränderte, als Medien über die Entwicklung in Italien und anderen Nachbarländern berichteten [245]. Großen Eindruck haben die Berichte über Armeetransporte mit Särgen gemacht, für die in Bergamo kein Platz mehr in den Krematorien war. Ähnlich schockierend waren die Bilder von Kühltrucks in New York, in den die Leichen aus den Spitälern aufbewahrt wurden. Unvergesslich werden auch die täglichen Ranglisten mit Fallzahlen von Infektionen und Todesopfern bleiben, die in nahezu keinem Nachrichtenorgan fehlen durften.

Doch konnten mit diesem Framing nicht alle Personen in der Bevölkerung erreicht werden. Ähnlich wie bei den oben bereits beschriebenen Lagern in den sozialen Medien haben sich auch anderswo Wissenschaftsskepsis und Impfkritik ausgebreitet. Anhängerinnen und Anhänger dieser Positionen können über anderslautende Nachrichten und Botschaften nicht mehr erreicht werden. Im Gegenteil, diese Medien können auch in die konträre Richtung wirken, wie eine Studie aus Australien und Neuseeland gezeigt hat [333]. Nachrichten über positive Wirkungen von Impfungen werden demnach von impfkritischen Mediennutzenden als belehrend und nicht neutral aufgefasst, und die Medien wurden als Teil einer Kampagne von Behörden und pharmazeutischer Industrie identifiziert. Auch eine umfassende positive Berichterstattung hat demzufolge nicht dazu beitragen können, die Impfbereitschaft zu erhöhen.

Generell haben die konventionellen Publikumsmedien ein Framing der Pandemie gebraucht, das die oben beschriebene Mainstream-Sicht in der Wissenschaft sowie die Notwendigkeit des Lockdowns in der Politik gestützt hat. Dies ist von der Lockdown-kritischen Publizistik, die sich vor allem in Internet abspielte, als eine ›gigantische mediale Angstmaschine‹ im Rahmen einer ›medialen Gleichschaltung‹ beschrieben worden [334]. In der Tat haben die Medien während der Pandemie weitgehend die Sichtweisen der Behörden und Regierungen, etwa in der Schweiz und in Deutschland, mitgetragen. Ausnahmen gab es bei den Printmedien nur sehr wenige. So kamen beispielsweise in der Schweizer *Weltwoche*, die von einem Abgeordneten der rechtspopulistischen Schweizerischen Volkspartei herausgegeben wird, Positionen zu Wort, die den Lockdown ablehnten und eine Herdenimmunität für die Bevölkerung propagierten [316]. Die große Zustimmung der konventionellen

Medien erfolgte sicher größtenteils aus Überzeugung, vielleicht aber auch, weil die schnelle Entwicklung der Thematik den Wissensstand von Medienschaffenden überstieg. So wurde etwa kritisch angemerkt, dass die Statistik-Kompetenz im Journalismus nicht sonderlich ausgeprägt sei und daher vieles direkt – und unhinterfragt – aus der Wissenschaft übernommen worden sei [335]. Und bestimmt haben die Medien auch zur Stimmung während der Pandemie beigetragen – den Bildern aus Bergamo konnte sich kaum jemand entziehen. Dies war besonders auffällig in den Boulevard-Zeitungen und in den Gratisblättern der Schweiz [316]. Zweifel bestehen jedoch an dem Vorwurf, damit sei unnötige Angst geschürt worden. Die Sorgen vor einer Entwicklung wie in Italien waren auch nördlich der Alpen nicht unbegründet, zumal es eine geografische Nähe zur Lombardei gab.

Zusammenfassend kann festgehalten werden, dass nach der Wissenschaft auch die konventionelle Publizistik mit ihrem Framing durchaus die Notwendigkeit des Lockdowns bejahte und sich stützend für Behörden und Regierungen bemerkbar machte. In den sozialen Medien wurde ebenfalls eher eine unkritische Sicht vertreten, wenngleich hier die Lockdown-Kritik deutlich präsenter war. Die gesamte Einschätzung gilt auf jeden Fall für Länder wie Deutschland oder die Schweiz, in denen die Pandemie und ihre Bekämpfungsmaßnahmen bei Weitem nicht so politisiert wurden wie etwa in den Vereinigten Staaten. Ob politisiert oder nicht, das politische System braucht die mediale Aufmerksamkeit hinsichtlich der Pandemie, vor allem, um zu erkennen, wie es selbst und die Maßnahmen gerade in der Öffentlichkeit beobachtet werden.

Das ist die Funktion des medialen Systems in der modernen Gesellschaft, genauer gesagt liegt sie »...im Dirigieren der Selbstbeobachtung des Gesellschaftssystems« [297: 173] und der Teilsysteme wie der Politik. Werden beispielsweise Grenzschließungen in den Medien gefordert oder aber Lockerungen der Restriktionen als notwendig betrachtet, so wird dies automatisch zu einem Thema der Politik – selbst, wenn es das zuvor nicht war. In einer empirischen Studie mit gesundheitsbezogenen Abfragen aus Google konnte dies indirekt gezeigt werden. Eine große öffentliche Aufmerksamkeit führte zu deutlich mehr nicht-pharmakologischen Interventionen durch die Politik, und dies selbst, wenn für die Fallzahlen von Infektionen und Todesfällen kontrolliert wurde. Länder, in denen eine große öffentliche Aufmerksamkeit zu erkennen war, wie die Schweiz, implementierten den Lockdown nach einem ersten positiven Infektionstest schneller als Länder mit einer geringen Aufmerksamkeit, beispielsweise Frankreich oder Italien [336].

5.3 Die Pandemie in der Politik

Die Frage, wie ein Land, seine Regierung und Behörden die Pandemie und ihre Folgen bewältigt haben, wird für das Renommee des gesamten Landes und seiner staatlichen Organe vermutlich noch über Jahre hinaus von Bedeutung sein. Augenfällig ist das bereits im Sommer 2020 geworden mit den Versuchen der chinesischen Regierung, jegliche Diskussion über offensichtliche Fehler lokaler oder nationaler Behörden zu unterdrücken und die gesamte Pandemie gewissermaßen der eigenen Bevölkerung und der Welt als Erfolgsstory zu verkaufen [337]. Die chinesische Öffentlichkeit und auch die Wissenschaft hatten mit den Maßnahmen einverstanden zu sein.

In den meisten Ländern des globalen Nordens waren sowohl die Wissenschaft als auch die Öffentlichkeit im Verlauf der Pandemie ebenfalls zu großen Teilen von der Notwendigkeit des Lockdowns überzeugt – allerdings zum Teil aus anderen Gründen als in China. In der Wissenschaft schloss die grundsätzliche Meinung an den Forschungsstand vor der Pandemie an und die Öffentlichkeit fühlte sich zu weiten Teilen verunsichert und verängstigt ob der zu erwartenden Entwicklung. Beide Aspekte mussten von den Verantwortlichen in Regierungen und Administrationen im globalen Norden berücksichtigt werden, als es darum ging, zu entscheiden, mit welchen Maßnahmen auf die Pandemie reagiert werden sollte.

Wie verschiedene journalistische Berichte über die politischen Reaktionen in der Frühzeit der Pandemie rekonstruiert haben, waren nahezu sämtliche Staaten im globalen Norden von der Pandemie und der Geschwindigkeit der Entwicklung überrascht worden – und dies, obwohl zahlreiche wissenschaftliche Publikationen (siehe Kapitel 2) und sogar Geheimdienstberichte [338] von der Annahme ausgingen, dass eine Pandemie zu jedem Zeitpunkt möglich sei. In Deutschland hatten die Bundesbehörden inklusive des Robert-Koch-Instituts noch im Jahr 2012 ein Szenario mit einem Coronavirus-Ausbruch durchgespielt, der um ein Vielfaches schlimmer war als es in 2020 geschehen ist [339]. Man hielt es für möglich, dass mehrere Millionen Menschen zu Tode kommen, die medizinische Versorgung zusammenbrechen und die Volkswirtschaft immensen Schaden leiden könnte. Sämtliche Defizite, die im Frühjahr 2020 bei der Pandemiebekämpfung offenbar wurden, sind in dem anschließenden Bericht schon angesprochen worden. Effektiv passiert ist jedoch im Nachgang sehr wenig.

Als das neue Coronavirus dann im Januar 2020 bereits den europäischen Kontinent erreicht hatte, wurden Warnungen vor einem schnellen Ausbruch auch in der Schweiz und in Deutschland zunächst von den für den Infektionsschutz verantwortlichen Behörden nicht so ernst genommen, wie es aus nachträglicher Sicht geboten erschienen hätte. In der Schweiz hielt man eine Influenza-Ausbreitung für wahrscheinlich und sah sich dafür gut gerüstet, wie das zuständige Bundesamt für Gesundheit BAG und der Gesundheitsminister des Landes mitteilten [44]. In Deutschland sah man es lange für ein chinesisches Problem an, das so schnell keine Gefahr bedeuten würde [340]. Zudem hatte man scheinbar den ersten Infektionsweg in der bayerischen Autozulieferfirma schnell unter Kontrolle gebracht, die Ausbreitung schien beherrschbar zu sein. Anderslautende Warnungen aus der Wissenschaft wurden lange ignoriert.

Warum also reagierten die Behörden nicht so, wie es aus späterer Sicht angezeigt erscheint? Drei Gründe erscheinen hier wesentlich zu sein: Zum ersten hatte man nahezu überall im globalen Norden bezüglich einer Pandemie mit einer Influenza gerechnet. Eine Influenza hat aber andere biologische Eigenschaften, epidemiologische Folgen und Bekämpfungsnotwendigkeiten. Das Grippevirus verbreitet sich wesentlich schneller, daher ist die Chance auf Kontaktnachverfolgung, Isolation und Quarantäne deutlich geringer [341: 129]. Nur wenige Länder in Südostasien hatten andere Szenarien in der Planung durchgespielt und sich entsprechend vorbereitet – mit dem Erfolg von nur wenigen Infektionen und Todesfällen, wie in Kapitel 6 noch ausgeführt wird. Zum zweiten hat man eine solch dramatische Entwicklung von Fallzahlen nicht für möglich gehalten – erneut machte sich das fundamentale Unverständnis über das Risikopotenzial von Epidemien unbekannter Herkunft bemerkbar. Ein Mitglied der bayerischen Landesregierung ließ sich in der *Süddeutschen Zeitung* folgendermaßen zitieren: »Ich hätte mir nie träumen lassen, dass wir in Bayern derart überrollt werden.« [340: 11] In der Schweiz haben die zuständigen Verantwortlichen erst nach einem Besuch in Italien im Februar realisiert, dass die Situation dort außer Kontrolle geraten war und dass dies auch im eigenen Land passieren konnte [44]. Zum dritten hätte aus Sicht des politischen Systems in der Öffentlichkeit und in der Bevölkerung kein Verständnis für frühe drastische Restriktionen hergestellt werden können. Ein zentrales Versäumnis der Pandemieplanung und -vorbereitung war der Einbezug der Medien und der Bevölkerung. Noch weit im Verlauf der Pandemie, etwa bei der Frage, ob Fußballspiele mit Tausenden Zuschauenden stattfinden dürfen, so die *Süddeutsche Zeitung* »...klammern sich Bürger wie Politiker an jedes Argument, um weiterleben zu können, wie gewohnt.« [340: 13]

Dies änderte sich erst, als die Zahlen sich in Richtung des exponentiellen Wachstums bewegten und als die Defizite in der eigenen Vorbereitung deutlich wurden. Die Pandemiepläne waren zwar ausgearbeitet, jedoch wurden nicht einmal die notwendigen Maßnahmen für eine Influenza-Pandemie umgesetzt, beispielsweise die Beschaffung einer ausreichenden Anzahl von Gesichtsmasken. Auf die Frage, warum dies nicht erfolgt sei, antwortete der Gesundheitsminister des deutschen Bundeslandes Nordrhein-Westfalen in einem Zeitungsinterview: »Weil es in jüngerer Vergangenheit keine Pandemie gegeben hat. Das hat kaum einer richtig ernst genommen. Das muss man einfach nüchtern so sagen.« Und an anderer Stelle gibt der Minister in dem Interview unumwunden zu, »... wie unsicher wir uns waren.« [342: 4] Die Unsicherheit bestand offenbar nicht nur in Deutschland. Sie wurde bestätigt durch ein Interview eines britischen Wissenschaftlers, der im Beratungsgremium der englischen Regierung mitwirkte und den Lockdown in einem Zeitungsinterview als »Panik-Maßnahme« charakterisierte, der er zunächst durchaus zugestimmt hatte. Es sei eine Notfallmaßnahme gewesen, »...weil wir uns nichts Besseres überlegen konnten.« [343]

Minimale Vorbereitung und maximale Überraschung durch den Verlauf sowie ebenso maximale Verunsicherung hinsichtlich der kaum vorhandenen Handlungsoptionen, so kann die politische Ausgangslage in vielen Staaten wenige Wochen in die Pandemie hinein beschrieben werden. Regierungen und Administrationen im globalen Norden mussten erleben, was im Süden als »Ausbruchskultur« schon länger bekannt war [38]. Wesentlicher Teil der Ausbruchskultur ist die recht lange Zeit, bis es zu relevantem Handeln gegen die Epidemie kommt. Demgegenüber stehen die Informationen hierfür schon länger zur Verfügung, sie werden allerdings im politischen System oftmals nicht entsprechend analysiert und interpretiert. Es gibt »... einen politischen Druck, die Krise nicht anzuerkennen bis es unmöglich wird, sie zu ignorieren.« [38: 180]

Je länger die Untätigkeit andauerte, desto weniger war in den meisten Ländern auch die Kontaktnachverfolgung aus Kapazitätsgründen eine wirkliche Option. Aus diesem Grund verlegten sich die Regierungen in der Schweiz relativ schnell und in Deutschland etwas später auf die Variante des Herunterfahrens des öffentlichen Lebens. Im Vergleich zu Lockdowns in Nachbarländern wie Italien oder Frankreich war es gewissermaßen ein ›Lockdown light‹, da auf Ausgangssperren und andere drastische Maßnahmen wie etwa die Absonderung ganzer Städte verzichtet wurde. An diesen Maßnahmen war man – wie später deutlich wurde [344] – in der Schweiz nur knapp vorbeigeschrammt. Bei etwas längerem Zuwarten wäre das Gesundheitssystem überlastet worden.

Die Situation in Italien war bekanntermaßen eine andere. Dort sahen sich die regionalen und später die nationalen Behörden gezwungen, über Wochen hinweg sehr drastische Restriktionen zu verhängen. Die Lombardei hatte weniger Glück als die Schweiz und Deutschland, sie war früher von der Infektion betroffen. Aber auch hier waren die gleichen politischen Voraussetzungen und Mechanismen zu sehen: keine Vorbereitung, zu wenig Material, zu lange gewartet [345]. Dann war da noch das Superspreading-Event bei einem Champions League-Spiel in Mailand, wo Zehntausende aus dem spanischen Valencia und dem italienischen Bergamo aufeinandertrafen. Hinzu kam ein Gesundheitssystem, das über Jahre hinweg materiell, personell und finanziell ausgedünnt worden war [346]. Dies betraf vor allem die Grund- und Notfallversorgung, also exakt die Bereiche, die während der Pandemie am meisten in Anspruch genommen werden mussten.

Grundsätzlich galten diese Voraussetzungen und politischen Entscheidungsmechanismen mit wenigen Ausnahmen für alle Staaten des globalen Nordens. Aus Sicht der Verantwortlichen musste einem territorialen Ansatz (Einschränkung der Bewegungsfreiheit) gefolgt werden, da ein relationaler Ansatz (Testen und Nachverfolgung) wie in Teilen Südostasiens aus Gründen mangelnder Vorbereitung nicht möglich war [347]. In Deutschland war man in der Lage, die Maßnahmen mit einem umfangreichen Testungsprogamm schon früh zu kombinieren. Dieser Umstand – und auch das Glück eines relativ späten massiven Ausbruchs – sind wohl die Hauptfaktoren für die relativ niedrige Sterblichkeit aufgrund von Covid-19 dort.

Es ist zu vermuten, dass sich in den jeweiligen nationalstaatlichen politischen Systemen nach und nach ein massiver Druck in Richtung Handlung aufgebaut hat, welcher sowohl ökonomische Bedenken wie auch demokratische und rechtliche Gegenargumente zunehmend weniger relevant erscheinen ließ. Drastische Maßnahmen, wie sie die chinesische Regierung durchsetzte, waren – so Presseberichte – etwa in Deutschland eigentlich undenkbar. »So was machen wir hier nicht, ...weil wir ein anderes Menschenbild als China haben«, ließ sich ein Mitglied der Regierung des deutschen Bundeslandes Nordrhein-Westfalen in der Frühzeit der Pandemie zitieren [340: 12]. Dann jedoch kopierten viele Regierungen die Maßnahmen anderer Länder und es ließ sich empirisch ein ›Herdenverhalten‹ feststellen [348] – mit gewissen Ausnahmen, von denen noch zu reden sein wird. In einer Analyse von Entscheidungen der Staaten in der Organisation für wirtschaftliche Zusammenarbeit und Entwicklung OECD konnte festgestellt werden, dass 80 Prozent der Mitgliedsstaaten innerhalb von zwei Wochen mehr oder minder dieselben Restriktionen implementierten [349].

Gerade gefestigte Demokratien schwankten gemäß dieser Analyse zwischen einer Zurückhaltung bezüglich der Maßnahmen und dem Kopieren dieser Restriktionen von den Nachbarstaaten. In gefestigten Demokratien brauchte es mehr Zeit, um die Lockdown-Interventionen einzuführen. Der beste Prädiktor für das Einführen war jedoch – mit Ausnahme der Bevölkerungsdichte – keiner, der mit Daten aus dem Land selbst zusammenhing, sondern vielmehr die Anzahl der Länder in der jeweiligen Region, die vorangegangen waren. Konkret zeigte sich dieses Herdenverhalten unter anderem auch daran, dass etwa in Europa in relativ kurzer Zeit die Grenzen gegenüber den Nachbarländern geschlossen wurde, und zwar zu einer Zeit, als eigentlich überall exponentielles Wachstum in der Infektionsausbreitung herrschte. Wiederum aus der Presse ist bekannt, dass die deutsche Bundesregierung hierzu die Meinung ihrer wissenschaftlichen Beratung einholte [340]. Das Votum fiel skeptisch aus, da – wie schon an anderer Stelle beschrieben – während des exponentiellen Wachstums die Ressourcen besser auf die Eindämmung verwendet werden als in der Verhinderung einzelner neuer Infektionen durch Grenzübertritte. Zudem hätten europapolitische Erwägungen eigentlich gegen solche Maßnahmen sprechen müssen; sie wurden trotzdem angeordnet. Die politisch Verantwortlichen wollten sich anscheinend nicht vorhalten lassen, die eigene Bevölkerung vor den Viren aus dem Ausland nicht zu schützen, während andere Regierungen dies bereits umgesetzt hatten.

Ein weiterer Grund, weshalb auch viele demokratische Regierungen auf drastische Eingriffe in das Alltagsleben setzten, war die offenkundige Akzeptanz der Pandemiebekämpfung in der Bevölkerung. Sicher war diese Akzeptanz zu Beginn der Pandemie nicht sonderlich ausgeprägt, doch sie stieg mit dem wahrgenommenen Wachstum der Infektionen und der Gesundheitskrise deutlich an. Wenn man der einschlägigen empirischen Forschung folgt, dann herrschte in Teilen des politischen Systems eine nicht ganz zutreffende Wahrnehmung bezüglich der Bedeutung von Gesundheit in der Bevölkerung. Demnach präferieren gerade Menschen im globalen Norden die Gesundheit gegenüber dem ökonomischen Wohlstand, wenn sie vor die Wahl gestellt werden [350]. Ein weiterer Beleg für diese Beobachtung ist, dass die jeweilige Regierung, insbesondere wenn sie Führungsstärke gezeigt hat und dann die Epidemie auch noch erfolgreich eindämmen konnte, sich steigender Beliebtheit im Wahlvolk erfreute [351]. Es kam während der Pandemie zu einem deutlich gestiegenen Vertrauen in die politischen Exekutiven.

Wenige Staaten versuchten, mit noch weniger einschränkenden Maßnahmen die Epidemie in den Griff zu bekommen. Das schwedische Vorgehen wird im nachfolgenden Kapitel noch ausführlich behandelt. In Großbritannien folgte man, wie initial in vielen Ländern, dem Skript eines Influenza-Ausbruchs [352]. Influenzainfektionen haben jedoch zumeist im Gegensatz zu den bisherigen Coronaviren-Epidemien eine kurze Inkubationszeit mit rascher Verbreitung und oftmals nachfolgend einen abgemilderten Symptomverlauf zur Folge. Daher lag unter diesen Annahmen die Versuchung nahe, mit einer etwas abgeflachten Infektionskurve über die Zeit zu kommen und – womöglich, wie verschiedentlich von Beratenden der Regierung angedeutet – zu einer Herden-Immunität zu gelangen [353]. Innerhalb weniger Wochen wurde allerdings deutlich, dass diese Strategie, wie in Italien, auf einen Zusammenbruch des Gesundheitssystems und auf hunderttausende Tote hinauslaufen würde, wie eine Modellierungsstudie nahelegte [172]. Auf der Basis dieser Studie vollzog die britische Regierung dann eine massive Kehrtwendung.

Nochmals anders war die Sachlage in den Vereinigten Staaten, wo die Pandemie auf ein denkbar schlecht aufgestelltes politisches System traf – manche Beobachtende sprachen bereits von einem ›failed state‹ [354]. Das ist ein politikwissenschaftlicher Begriff für gescheiterte Staaten, die nicht in der Lage sind, Gefahrenabwehr und Daseinsfürsorge für ihre Bevölkerung sicherzustellen. Auf dem Papier sollten die Vereinigten Staaten über die weltweit beste Pandemieplanung verfügen [99]. Zudem waren die USA mit einem reichlich späteren Ausbruchsgeschehen im Vergleich zu diversen europäischen Ländern konfrontiert. Dennoch waren mit der Politisierung der Pandemie und dem anlaufenden Wahlkampf sowie mit der föderalen Struktur der Administration und einer grundsätzlichen Skepsis gegenüber Wissenschaft und Staatseingriffen zahlreiche Hindernisse für eine konsistente Pandemiebekämpfung vorhanden [355]. Die zum Teil bizarren Aussagen (›Virus wird wie ein Wunder verschwinden‹) und Fernsehauftritte des Präsidenten Trump sowie die Reaktionen in der weiteren Öffentlichkeit darauf, führten über das gesamte Land hinweg zu einem Flickenteppich von Maßnahmen, welche eine Gesamtstrategie unmöglich machte. Hinzu kamen konkrete Unzulänglichkeiten in der Pandemiebekämpfung, wie inkonsequente Grenzkontrollen, insuffiziente Testungen, widersprüchliche

5. Die Reaktionen auf die Pandemie 109

Botschaften der Verantwortlichen und – wie unten noch ausgeführt wird – eine Fehleinschätzung bezüglich der wirtschaftlichen Folgen [356].

Die Vereinigten Staaten waren jedoch nur das Extrembeispiel, an dem sich zeigte, wie sich die Pandemie im politischen System ausgewirkt hat. Die Politik muss, wie oben gezeigt, insbesondere in demokratischen Systemen, erhebliche Rücksicht auf die öffentliche Meinung nehmen. Wenn diese aber derart polarisiert ist wie in den USA im Jahr 2020, dann ist es ein grundsätzliches Problem, eine konsistente Haltung gegenüber der Bevölkerung zu kommunizieren. Weitere Effekte kamen dann noch hinzu. So waren Regierungen, die man als populistisch einstufen könnte, deutlich zurückhaltender bei der Einführung restriktiver Maßnahmen als andere [357]. Dieses empirische Resultat korrespondiert mit der grundsätzlich Lockdown-skeptischen Haltung von Parteien wie der ›Alternative für Deutschland‹, deren Wähler quasi die einzige Gruppe war, deren Mehrheit sich gegen die Restriktionen aussprach [358] oder der ›Schweizerischen Volkspartei‹, die sehr schnell wieder auf wirtschaftliche Öffnungen drängte. Hintergrund dafür ist wohl die in den rechtspopulistischen Bewegungen weit verbreitete grundlegende Skepsis gegenüber der Wissenschaft und die Priorisierung der ökonomischen Entwicklung. Ausnahmen in dieser Hinsicht waren Regierungen von Ländern wie Ungarn, Indien oder den Philippinen. Aber auch andere politische Positionen ließen sich in diese Richtung beeinflussen von einer vermuteten öffentlichen Wahrnehmung. So ist empirisch mit weltweiten Daten gezeigt worden, dass weniger drastische Maßnahmen eingeführt wurden, wenn Wahlen in dem jeweiligen Land bevorstanden [359].

Welch absurden Züge die Politisierung der Pandemie mit sich brachte, zeigte sich auch an der Favorisierung des ›Schwedischen Modells‹ durch Rechtskonservative und Rechtspopulisten weltweit. Die Absurdität liegt natürlich darin, dass Skandinavien im Allgemeinen und Schweden im Besonderen gerade für diese politische Orientierungen ein rotes Tuch sind: soziokulturelle Liberalität trifft sich hier mit massiven Staatseingriffen wie etwa eine umfassende Gesundheitsversorgung und einem Bevölkerungsregister, das allen Bürgerinnen und Bürgern eine Identitätsnummer zuweist, mit der sämtliche steuerliche oder andere Aktivitäten verfolgbar sind. Gleichwohl wurde gerade von eher rechten und konservativen Positionen die Hoffnung gehegt, Schweden müsse erfolgreich sein. Dann schließlich, so titelte hoffend der britische *Telegraph*, sei der Lockdown vollkommen umsonst gewesen [48]. In der Schweiz pries mit Roger Köppel, einem bekannten rechtskonservativen Politiker und Zeitschriftenherausgeber das schwedische

Modell, weil es die »Irrtümer der Lockdown-Strategie« vermieden habe [360]. Komplett übersehen wurde dabei ein zentraler Faktor, der das ›Schwedische Modell‹ erst möglich machte und der gerade diesen Positionen ein großer Dorn im Auge sein müsste: das große Vertrauen der Bevölkerung in den Staat [47].

Ganz generell haben rechtskonservative und rechtspopulistische Parteien und Bewegungen während der ersten Monate der Pandemie einen relativ schweren Stand gehabt. Ihre grundsätzliche Skepsis gegenüber der Wissenschaft und gegenüber Staatseingriffen, waren nicht einmal ansatzweise mehrheitsfähig, und dies galt sogar auch in den Vereinigten Staaten. Die deutsche AfD, die italienische ›Lega‹ und auch der französische ›Rassemblement National‹ (früher: ›Front National‹) konnten mit ihrer Rhetorik nicht mehr in der gleichen Weise durchdringen wie noch während der Flüchtlingskrise der Vorjahre und verloren in Umfragen deutlich an Zustimmung [361].

Die Probleme der populistischen Bewegungen korrespondierten mit der bereits beschriebenen Akzeptanz der Lockdown-Maßnahmen und der positiven Wahrnehmung der jeweiligen Exekutive. Im Allgemeinen waren eher autokratisch ausgerichtete Regierungen, wie etwa in China, schneller bereit, restriktive Maßnahmen zu implementieren, während demokratische Regierungen aufgrund der Berücksichtigung der öffentlichen Meinung etwas länger brauchten. Allerdings waren die Resultate im Endeffekt ähnlich ausgeprägt. Demokratisch regierte Staaten mit einer eher individualistisch geprägten Bevölkerung konnten gemäß einer umfangreichen empirischen Analyse die Ziele des Lockdowns wie eine reduzierte Mobilität ähnlich erreichen wie Autokratien [362].

Zusammenfassend kann festgehalten werden, dass nahezu alle Regierungen des globalen Nordens nach dem Ausbruch der Coronavirus-Infektion vor dem Problem standen, die für solche Fälle zumeist vorgesehenen Pandemiepläne nicht umsetzen zu können. Dies lag zum einen an dem Virus, das eben kein Influenza-Virus war, wie erwartet wurde, sowie zum anderen an den inadäquaten materiellen und personellen Ressourcen zur Pandemiebekämpfung, welche nicht ausgereicht hätten, um eine große Gesundheitskrise mit tausenden Todesopfern zu bewältigen. Insbesondere für demokratisch legitimierte Regierungen waren die öffentliche Meinung und die Stimmungslage in der Bevölkerung von großer Relevanz. Und anders als zunächst erwartet, wurden die nach chinesischem Vorbild zum Teil kopierten und adaptierten Lockdown-Maßnahmen in den jeweiligen Bevölkerungen überwiegend akzeptiert. Politische Systeme haben in der modernen Gesellschaft die Funktion, das zeigt der Umgang mit der Pandemie exemplarisch, bindende Entscheidungen zu treffen und benötigen dafür die ihnen rechtlich zugesprochene Macht. Sie haben diese Funktion in der Ausnahmesituation der Pandemie in zuvor nicht für möglich gehaltener Weise übernommen. Aber schon mit den ersten Lockerungen sind sie zurück in der Defensive gewesen [363]. Mit den Lockerungen kommen die ›normalen‹ gesellschaftlichen Mechanismen zurück und alle Entscheidungen müssen wieder ausgehandelt und legitimiert werden – nicht zuletzt auch in wirtschaftlicher Hinsicht.

5.4 Die Pandemie in der Wirtschaft

Die Bewertung des politischen Systems hinsichtlich der Bewältigung der Pandemie dreht sich neben den gesundheitlichen Aspekten primär um wirtschaftliche Aspekte. Weltweit wurde in den ersten Monaten der Pandemie eine bisher unbekannte Dynamik mit dramatischem Rückgang der Wirtschaftsleistung verzeichnet, die mit Arbeitsplatz- und Wohlstandsverlusten verbunden war. Die Auswirkungen des Lockdowns auf die Wirtschaft war eines der Hauptthemen um die Frage der Notwendigkeit. Diese Frage soll im folgenden Abschnitt noch gar nicht beantwortet werden, an dieser Stelle geht es zunächst einmal lediglich um die ökonomischen Auswirkungen von Pandemie und Lockdown.

Die neue Coronavirus-Pandemie ist nicht die erste Epidemie, deren wirtschaftliche Folgen analysiert wurden. Die ›Spanische Grippe‹ nach dem Ersten Weltkrieg ist in dieser Hinsicht etwa verschiedentlich untersucht worden. Sie hatte beispielsweise sowohl in den Vereinigten Staaten [364] als auch in Schweden [365] erhebliche und andauernde Folgen, die bis weit in die 1920er-Jahre hinein andauerten. Ein wesentlicher Grund war die hohe Sterblichkeit in Altersklassen, die in Betrieben und Dienststellen als Arbeitskräfte benötigt wurden. Seit neueren Pandemien, wie der SARS-Epidemie zu Beginn der 2000er-Jahre, gehören diese Analysen zum Standard [366]. Obwohl die Infektionszahlen vergleichsweise niedrig waren, hatte SARS vor allem im Tourismus-Sektor, aber auch in vielen weiteren Bereichen Südostasiens über Jahre andauernde negative wirtschaftliche Folgen. Der gesamtwirtschaftliche Schaden von SARS wird auf über 100 Milliarden US-Dollar geschätzt [367].

Typischerweise gehen die wirtschaftlichen Aktivitäten während einer globalen Pandemie mit kurzen Übertragungszeiten wie bei der SARS-Infektion rasch und dramatisch zurück, um dann innerhalb weniger Monate wieder auf den alten Stand zurückzukehren – vorausgesetzt, die Epidemie ist eingedämmt. Die Auswirkungen jedoch sind oftmals noch fünf Jahre später zu spüren, wie eine Untersuchung von Rezessionen und wirtschaftlicher Erholung nach Epidemien der jüngeren Zeit aufzeigte [368]. Arbeitsmarktfolgen betrafen überwiegend weniger gut Ausgebildete und Frauen in gering bezahlten Dienstleistungsberufen – ein Bild, das sich ähnlich auch während der neuen Coronavirus-Pandemie abzeichnet.

SARS war regional vergleichsweise begrenzt und die Infektion ließ sich in recht kurzer Zeit eindämmen. Die neue Coronavirus-Pandemie hingegen ist global ausgerichtet, ist zumindest im Sommer 2020 noch nicht zeitlich begrenzt absehbar und hat einen wirtschaftlichen Schaden verursacht, der weit über die Folgen der Rezession nach der Finanzkrise der Jahre 2007/2008 hinausgeht. Das Bruttoinlandsprodukt (BIP) der Mitgliedsstaaten der Europäischen Union, um nur eine Region beispielhaft zu nennen, war in dem Quartal mit dem größten Rückgang der Wirtschaftsleistung im Jahr 2009 nur ungefähr ein Drittel von dem Umfang eingebrochen wie es im entsprechenden Quartal 2020 der Fall war. Besonders stark wirtschaftlich angeschlagen waren Spanien, Italien und Frankreich, alles Länder, die auch unter sehr hohen Infektions- und Todesfällen zu leiden hatten [369]. Die sich abzeichnende Rezession ist nach Einschätzung der Organisation für wirtschaftliche Zusammenarbeit und Entwicklung OECD, in der überwiegend Staaten des globalen Nordens (inklusive der Schweiz und Deutschland) vertreten sind, die größte seit den 1930er Jahren [25]. Auf das gesamte Jahr 2020 gesehen, sinkt das BIP in der Schweiz um ungefähr 6 Prozent [370] und in Deutschland sogar um 9 Prozent [371] (Stand Sommer 2020).

Die wesentlichen Faktoren, welche zu einer Rezession während einer Pandemie beitragen, sind folgende: Vermeidungs- und Abstandsverhalten, direkte und indirekte Kosten der Krankheit, Ausgleichs- und Kaskadeneffekte [372]. Durch spontanes oder angeordnetes Vermeidungs- und Abstandsverhalten wird die Mobilität eingeschränkt und das Konsum- und Arbeitsverhalten reduziert. Die Infektion und ihre Behandlung haben hohe direkte Kosten im Gesundheitswesen zur Folge, aber auch indirekte Konsequenzen durch Krankschreibung, Isolation und Quarantäne. Und während das Abstandhalten durchaus die direkten Krankheitskosten reduzieren kann, können Mangelsituationen durch fehlende Arbeitskräfte und andere systemische Effekte entstehen.

Neu bei der Pandemie des Jahres 2020 war der mehr oder minder gleichzeitige globale Effekt, der sowohl weltweite Lieferketten zerriss als auch die globale Nachfrage innerhalb weniger Wochen drastisch reduzierte. Die Wirkung der globalen Einschränkungen ist gemäß einer Simulationsstudie auf ungefähr ein Viertel der zurückgehenden Wirtschaftsleistung im Durchschnitt aller Staaten geschätzt worden [373]. Angesichts der im Sommer 2020 noch nicht absehbaren Beendigung der Pandemie sind globale Auswirkungen auf längere Zeit hin zu erwarten. Sollte in einem Teil der globalen Wirtschaft, aus welchen Gründen auch immer, eine gewisse Normalität eintreten, so sind potenzielle Liefer- oder Abnehmerregionen möglicherweise noch mitten in einem Infektionsausbruch, welcher den Aufschwung selbst in einigermaßen stabilen Regionen gefährden kann. Dieser Sachverhalt ist auch schon als »Lieferketten-Ansteckung« im Rahmen der Viruspandemie charakterisiert worden [374].

Ähnlich den im vorherigen Kapitel beschriebenen psychologischen Konsequenzen, ist es auch bei den ökonomischen Konsequenzen in Teilen recht schwierig, die Pandemie-Folgen von den Lockdown-Folgen zu trennen. Das bereits angesprochene Vermeidungs- und Abstandsverhalten ist beiden Aspekten zuzuschreiben. Es gab im Verlauf der Pandemie jedoch Situationen, an denen man diese Effekte im Rahmen eines so genannten natürlichen Experiments untersuchen konnte, wenn nämlich Daten aus einem längeren Zeitraum vorhanden waren, innerhalb dessen behördliche Restriktionen angeordnet wurden oder aber beim Vergleich von Regionen oder Ländern, bei denen eines den Lockdown anordnet und das andere nicht.

Einige Studien sollen beispielhaft referiert werden. In den Vereinigten Staaten wurden telefonische Anfragen bezüglich Kundenkontakten von mehr als 2 Millionen Firmen danach ausgewertet, wie sich behördliche Lockdown-Maßnahmen auswirkten, indem Regionen mit und ohne behördliche Anordnungen über eine längere Zeit verglichen wurden [276]. Insgesamt gingen die Kontakte um ungefähr 60 Prozent zurück, davon waren aber nur 7 Prozent den Lockdown-Restriktionen zuzuschreiben. Da der Rückgang der Kundenkontakte mit der Anzahl von Todesfällen in der Region korreliert war, gehen die Autoren von einem Effekt aus, der primär durch Angst vor Ansteckung gespeist wurde. Während diese Analyse eher indirekt auf die ökonomischen Auswirkungen geschaut hat, konnte eine skandinavische Studie Transaktionsdaten einer Bank auswerten, die sowohl in Dänemark als auch in Schweden operativ tätig ist [375]. In beiden Ländern gingen die Ausgaben der Kundinnen und Kunden um circa 25 Prozent während des Peaks der Pandemie zurück. In Dänemark, wo ein drastischer Lockdown im Unterschied zu Schweden herrschte, sanken sie um zusätzliche vier Prozent. Interessanterweise reduzierten sich die Ausgaben der jüngeren Menschen deutlich, während die Älteren mehr Geld ausgaben als zuvor.

Ähnliche Effekte ergaben sich auch auf die Arbeitslosigkeit in den Vereinigten Staaten. Anhand einer Analyse von Arbeitsangeboten und Arbeitslosigkeits-Daten konnte gezeigt werden, dass die Auswirkungen auf den Arbeitsplatzverlust im Wesentlichen nicht durch den Lockdown bzw. durch die ›Stay-at-Home-Orders‹ in den verschiedenen Bundesstaaten entstanden sind [376]. Diejenigen Bundesstaaten, welche diese Maßnahmen nicht oder erst später einführten, konnten keine wesentlich besseren Wirtschaftsdaten registrieren. Allerdings haben die Lockdown-Maßnahmen, wie zwei weitere Studien mit unterschiedlichen Methoden gezeigt haben, zu einem gewissen Anstieg der Arbeitslosigkeit zusätzlich zu den ohnehin recht hohen Job-Verlusten in den USA geführt [377, 378].

Ein entscheidender Hintergrundfaktor für das gesamte Wirtschaftsgeschehen scheint das Vertrauen der Konsumierenden zu sein. Gemäß der schwedischen Statistikbehörde SCB sank das BIP des Landes im zweiten Quartal 2020 um mehr als 8 Prozent. Interessanterweise gingen die Konsumausgaben deutlich stärker zurück als die Produktionsleistungen [379]. Offenbar ist das Verhalten von Konsumierenden nicht allein von behördlichen Restriktionen bestimmt, die bekanntlich in Schweden recht gering waren. Das Vertrauen der Konsumierenden kam in vielen Ländern nach der Aufhebung strikter Maßnahmen nur sehr langsam wieder zurück, wenn überhaupt. Dies galt auch in den Ländern, in den die Bürgerinnen und Bürger einen Stimulus in Form von Geld oder Steuernachlässen erhielten. Eine Analyse der britischen Zeitschrift *Economist* hat ergeben, dass die Sterblichkeitsrate in dem jeweiligen Land und die Länge des Lockdowns wesentliche Faktoren sind, die das Vertrauen und die korrespondierenden Ausgaben bestimmen [380]. Die Wirtschaft sprang umso früher und besser wieder an, je geringer die Todeszahlen waren und je kürzer der Lockdown. Dieser Befund legt den Schluss nahe, dass die Priorisierung der Gesundheit zuungunsten der Wirtschaft beiden Sektoren hilft. Dies ist offenbar, wie der Ökonom Austan Goolsbee sich in der *New York Times* zitieren ließ, das erste Gebot der Virus-Ökonomie: »Der beste Weg zur wirtschaftlichen Erholung ist die Kontrolle des Virus.« [356]

Allerdings gilt diese Maxime offenbar nur eher kurzfristig. Die allgemeine Unsicherheit über den weiteren Verlauf der Pandemie blieb während des Sommer 2020 bestehen und das Risiko, den Arbeitsplatz zu verlieren, kam hinzu. Dies war vor allem dort der Fall, wo die Kurzarbeitsprogramme und andere Stützungsmaßnahmen auszulaufen drohten. Dieses Konglomerat der Faktoren ist etwa in der Schweiz von staatlichen Stellen als Grund für die zurückhaltende Stimmung der Konsumierenden nach dem Lockdown identifiziert worden [381].

Insgesamt, so schloss eine umfassende Analyse des Internationalen Währungs-Fonds aus Wirtschaftsdaten in den Vereinigten Staaten und in Europa, konnte ein Zusammenhang zwischen den ökonomischen Verlusten und dem Ausbruchsgeschehen der Infektion festgestellt werden. Die administrativen Maßnahmen wie der Lockdown haben selbst nur wenig zum Rückgang der wirtschaftlichen Aktivitäten und damit auch zum Rückgang der Infektionen beigetragen. Es gebe, so die Autorinnen und Autoren der Studie, »...keine robuste Evidenz, welche zusätzliche Effekte der Einführung nichtpharmakologischer Interventionen unterstützt.« [382: 1] Die freiwilligen Verhaltensänderungen hingegen wurden als entscheidend angesehen.

Die Wirtschaftsleistung sprang generell in vielen Ländern des globalen Nordens mit der Lockerung der Restriktionen wieder deutlich an. Die Frage, wie schnell die Rezession zurückgeht, wird in Ökonomiekreisen mit den Buchstaben V, U, W und L beschrieben, welche die Form ausmalen [383]. Eine V-Rezession ist das positivste Szenario. Nach einem drastischen Rückgang der Wirtschaftsleistung springt diese dann genauso drastisch wieder an. Weniger positiv ist das U, dies bedeutet nämlich eine längere Dauer, bis die Wirtschaft wieder auf annähernd gutem Niveau ist. Eine W-Rezession beschreibt einen zweiten Niedergang, der beispielsweise mit einer großen zweiten Infektionswelle einhergehen kann. Besonders negativ ist das L, wenn nämlich die Wirtschaftsleistung einbricht und sich so gut wie nicht wieder erholt. Welche Form die Rezession annehmen wird, hängt in erster Linie vom Verlauf der Pandemie und insbesondere von der Verfügbarkeit eines Impfstoffs ab. Frühe Hoffnungen auf eine V-Rezession waren jedoch schnell verflogen. Darüber hinaus sind selbstverständlich noch weitere, Pandemie-unabhängige Faktoren von Bedeutung. Die globale wirtschaftliche Entwicklung war bereits vor dem Coronavirus-Ausbruch tendenziell stagnierend bis rückläufig, bedingt etwa durch internationale Handelsschranken und politische Konflikte.

Die oben beschriebene starke Stellung der Politik gegenüber der Wirtschaft hat auf letztere in vielen Ländern eine deutlich stimulierende Wirkung gehabt, dies zumindest in den ersten Monaten der Pandemie. Viele Staaten und Verbünde wie die Europäische Union haben direkte und indirekte finanzielle Unterstützung in einem bis anhin unbekannten Ausmaß geleistet, um die wirtschaftliche Aktivitäten nicht noch weiter zu reduzieren und die ansonsten unvermeidbare Massenarbeitslosigkeit im Rahmen zu halten. Die Bandbreite der Hilfsmaßnahmen reichte von der Übernahme von Anteilen global operierender Firmen in der Luftfahrtbranche über die Stützung kleiner und mittelständischer Unternehmen bis hin zu Direktzahlungen an von der Pandemie besonders betroffene Personenkreise. In Europa wurden umfangreiche Kurzarbeitsprogramme aufgelegt, mit denen der Staat den Lohn von Beschäftigten zu einem erheblichen Anteil übernommen hat. Diese Programme sind insbesondere nach der Rezession durch die Finanzkrise der Jahre 2007/2008 implementiert worden, wo sie zentrale arbeitsmarktpolitische Funktionen übernommen haben. Kurzarbeitsprogramme sind in der ökonomischen Forschung vor der Pandemie beispielsweise für die Schweiz [384] oder für Deutschland [385] auf ihre Wirkung hin untersucht und im Großen und Ganzen positiv evaluiert worden. Das heißt, sie haben Jobs erhalten und vermutlich sogar die Kosten durch Einsparungen in den Sozialversicherungen wieder kompensiert.

Während der Pandemie wurde durch diese vielfältige Unterstützung erneut die große Bedeutung des Wohlfahrtsstaats für die Überwindung von sozioökonomischen Krisen deutlich. Aus sozialwissenschaftlicher Sicht war es interessant zu sehen, dass selbst politische Systeme die traditionell eine eher staatsferne Sozialpolitik betreiben, wie die Vereinigten Staaten oder Großbritannien, zu massiven Interventionen schritten, um die Wirtschaft und die betroffenen Menschen zu schützen. Diese in der soziologischen Literatur als ›liberal‹ klassifizierten Systeme [386] haben entweder kaum jemals eine breite Wohlfahrtspolitik betrieben oder aber durch umfangreiche Sparmaßnahmen in den letzten Jahren eine deutlich reduzierte Unterstützung vorgehalten. Demgegenüber haben die Wohlfahrtsstaaten auf dem europäischen Kontinent in der Regel – mit unterschiedlichen Schwerpunkten – mehr und größere Kompensation bei individuellen oder gesellschaftlichen Krisen geleistet. Diese Staaten haben sich auch in der Coronavirus-Krise als eher bereit herausgestellt, ihren Bürgerinnen und Bürgern unter die Arme zu greifen.

Dem Wohlfahrtsstaatsregime kommt damit in der Pandemiebekämpfung eine zentrale Rolle zu. Man könnte dies als die zweite Auffanglinie nach der direkten Bekämpfung bezeichnen [387]. Dies gilt insbesondere dann, wenn sich die erste Auffanglinie – aus welchen Gründen auch immer – als nicht sonderlich effektiv herausgestellt hat. Das zumindest zu Beginn der Pandemie große Vertrauen der schwedischen Bevölkerung in die vom europäischen Standard abweichende Pandemiepolitik ist womöglich auch so zu erklären.

Und die Bereitschaft der US-amerikanischen Politik, immense ökonomische Unterstützung zu leisten ist sicher auch auf die wenig effektive Pandemiebekämpfung zurückzuführen. Erfahrungen aus früheren Rezessionen nach Epidemien oder anderen Ereignissen haben gezeigt, dass ein zu früher Rückzug der staatlichen Unterstützung das Risiko eines W-Verlaufs erhöht, den es zu vermeiden gilt [388].

In welchem Umfang und wie lange diese wohlfahrtsstaatlichen Unterstützungsmaßnahmen anhalten, ist in Teilen sicher vom weiteren Verlauf der Pandemie abhängig. Jedoch haben Pandemie und Lockdown Auswirkungen auf den Arbeitsmarkt, wie schon nach wenigen Monaten sichtbar wurde. Dies gilt vor allem für den Trend, von zu Hause arbeiten zu können, der in vielen Dienstleistungsbranchen möglich war, in denen die Abläufe digital und per Videokonferenzen zu steuern waren. Empirische Analysen, beispielsweise aus Italien, haben deutlich gemacht, wie unterschiedlich sich die Pandemie und der Lockdown im Hinblick auf den Sozialstatus der betroffenen Menschen ausgewirkt haben [389]. Personen mit höherer Bildung und größerem Einkommen waren eher in der Lage, sich über Home-Office der Exposition des Virus zu entziehen. Gleichzeitig waren die besser gestellten Jobs weniger anfällig für die Folgen der wirtschaftlichen Krise, die sich entwickelte. Gering bezahlte Anstellungen in der Gastronomie, im Tourismus oder in der Veranstaltungsbranche hingegen waren mit die ersten, die gefährdet waren. In vielen Ländern gingen diese nachteiligen Folgen vor allem zu Lasten von nichtweißen Bevölkerungsgruppen, die zudem auch mehr unter den gesundheitlichen Folgen der Pandemie zu leiden hatten [390].

Eine große Frage der Zeit während und nach der Pandemie wird sein, wie sich die schon länger abzeichnende Automatisierung und Digitalisierung der Arbeit in den Ländern des globalen Nordens auf den gesamten Arbeitsmarkt auswirken wird. Die Pandemie wird gemeinhin als Beschleunigungsfaktor betrachtet, welcher diese schon länger andauernde Entwicklung zusätzlich anschiebt [391]. Der längerfristige Trend vor der Pandemie bestand darin, dass durch die Automatisierung in erster Linie Jobs mit mittlerer Qualifikation, etwa im Sekretariat oder in der Buchhaltung einer Firma, ersetzt wurden [392]. Dies führte insbesondere in den Vereinigten Staaten und Großbritannien, aber tendenziell auch in der Schweiz [393] zu einer Polarisierung der Arbeitsmärkte mit einer steigenden Nachfrage nach hohen Qualifikationen mit digitalen und auch mit sozialen Skills sowie zu einer gleichbleibenden Nachfrage nach niedrigeren Qualifikationen im Service- und Dienstleistungsbereich [394]. Während der Pandemie änderte sich dies in bestimmten Bereichen deutlich. Indem sehr viele Menschen von zu Hause arbeiteten, und dies vermutlich auch noch weiterhin tun werden, sind absehbar eine Reihe von Aufgaben in der Überwachung oder im Service der Automatisierung ausgesetzt, beispielsweise bei Sicherheitsdiensten, wo Kameras und Drohnen verstärkt eingesetzt werden, oder im Facility Management, wo Reinigungs- und Desinfektionsaufgaben von Robotern erledigt werden. Gleichzeitig ist im Verkaufsbereich ein Druck zu kontaktlosem Bezahlen und zu vermehrten Online-Bestellungen entstanden, was einen weiter zunehmenden Druck auf Firmen und Arbeitsplätze im konventionellen Handel erwarten lässt [395].

Ob sich die globalisierten Wertschöpfungsketten, welche durch die Pandemie unterbrochen wurden, in der früheren Form in vielen Wirtschaftssektoren neu etablieren können, daran besteht aus logistischen Überlegungen oder aufgrund politischen Drucks erheblicher Zweifel. Die in den Ländern des globalen Südens wegfallenden Arbeitsplätze werden jedoch nicht in Europa oder Nordamerika neu entstehen, sondern oftmals durch Automatisierung kompensiert werden. Der Trend zum Home-Office wird in vielen Städten eher indirekte negative Effekte haben, da Servicepersonal in Gebäuden mit immer weniger Büros nicht mehr in dem Umfang gebraucht wird und Kantinen sowie Restaurants in der Nähe von Bürokomplexen weniger nachgefragt werden. All dies hat wiederum Auswirkungen auf den Wohlfahrtsstaat, der womöglich mit einer schwindenden Nachfrage nach gering qualifizierten beruflichen Kompetenzen umzugehen hat.

Mit dem Stand vom Sommer 2020 kann festgehalten werden, dass die globale Wirtschaftsleistung drastisch eingebrochen ist in einer Weise, wie es seit den 1930er-Jahren nicht mehr geschehen ist. Dies ist zu großen Teilen der global verflochtenen Ökonomie zuzuschreiben, wodurch gleichzeitig die Nachfrage und die Lieferketten betroffen waren. Der Beitrag des Lockdowns zu dieser Dynamik in den einzelnen Ländern ist nach bisherigen Befunden nicht so groß wie die individuellen Reaktionen auf die Infektion und die damit verbundenen Ängste und Befürchtungen. Auf diesen Sachverhalt wird in den abschließenden Kapiteln noch eingegangen. Klar ist auf jeden Fall, dass soziale Ungleichheiten durch die Pandemie und den Lockdown erheblich vergrößert wurden. Der Einbruch in der Wirtschaftsleistung wird sich im globalen Norden mit einer gewissen Verzögerung auf den Arbeitsmarkt negativ auswirken; dies allerdings wird im Sommer des Jahres 2020 noch durch verschiedene Arbeitsmarkts- und Unterstützungsmaßnahmen verzögert bzw. verhindert. Der Wohlfahrtsstaat leistete dadurch einen wesentlichen Beitrag zur Bekämpfung der Pandemie und ihrer Folgen.

5.5 Schlussfolgerungen – Gesellschaftliche Dynamiken und der Lockdown

Die Pandemie und der Lockdown haben massive Spuren in den gesellschaftlichen Teilsystemen Wissenschaft, Medien, Politik und Wirtschaft erzeugt. Während sich die ersten drei Teilsysteme intensiv mit der Beobachtung und der Reaktion auf die Pandemie befassen mussten, war das Wirtschaftssystem eher mit den Konsequenzen befasst. Neben diesen ›großen‹ Teilsystemen der modernen Gesellschaft hat die Pandemie selbstverständlich noch auf viele weitere Bereiche Auswirkungen gehabt, namentlich das Gesundheitssystem, das Erziehungssystem und das Rechtssystem. Diese Bereiche können hier aus Platzgründen nicht im Detail betrachtet werden.

Die Dynamik im Wissenschaftssystem war in Teilen für Außenstehende sichtbar, für Beteiligte war sie ohne vorheriges Beispiel. Es gab eine immense öffentliche und mediale Aufmerksamkeit und die Produktion von Studien und Publikationen ist im Vergleich zu Normalzeiten um ein Vielfaches angestiegen. Trotz diverser zu erwartender widersprüchlicher Positionen im Einzelnen hatte sich eine globale Sicht auf die Pandemie und ihre Bekämpfungsmöglichkeiten entwickelt, welche den Lockdown im Prinzip für notwendig gehalten hat.

In den Medien gab es eine mindestens so große Dynamik. Die Pandemie, ihre Folgen und die anschließenden Maßnahmen waren *das* große Thema der ersten Hälfte des Jahres 2020. Dies gilt sowohl für die konventionellen Print- und Rundfunkmedien als auch für die sozialen Medien im Internet. In beiden Sektoren dominierten die Mainstream-Perspektiven, welche das Virus für eine große Gefahr hielten und die Bekämpfungsmaßnahmen der Behörden begrüßten. Allerdings waren in den sozialen Medien verstärkt auch die Lockdown-skeptischen Positionen zu vernehmen.

Die Entwicklungen in der Wissenschaft und in den Medien wurden im politischen System aufmerksam verfolgt. Ausgangspunkt hier war eine teils für dieses Virus nicht adäquate Pandemieplanung und teils eine nicht umgesetzte Pandemieplanung, was aus Sicht der Verantwortlichen nur wenige Optionen zuließ, je länger und je stärker das Virus zirkulierte. Hinzu kam der offensichtliche Erfolg des ›chinesischen Modells‹, das mit gewissen Anpassungen dann in den meisten Ländern kopiert wurde. Dort, wo dies nicht der Fall war, konnte – mit der Ausnahme Schwedens – eine extreme Politisierung der Pandemie und der Bekämpfungsmaßnahmen beobachtet werden.

Das globale Wirtschaftssystem wurde doppelt durch die Pandemie getroffen: durch zerstörte Lieferketten sowie durch eine massive Zurückhaltung der Konsumierenden. Die Wirtschaftsleistung sank drastisch und hatte Mühe, sich nach dem Lockdown wieder zu erholen. Dies lag an der nach wie vor eher schlechten Stimmung der Konsumierenden in vielen Regionen und daran, dass in verschiedenen Absatzmärkten der Welt das Virus noch erheblich zirkulierte und Restriktionen herrschten. Viele Wirtschaftsaktivitäten wurden in der Folge staatlicherseits durch Unterstützungsprogramme abgefedert, was jedoch insgesamt eine deutliche Zunahme der sozialen Ungleichheit nicht verhindern konnte.

Es sollte mit den Betrachtungen des vorherigen und dieses Kapitels deutlich geworden sein, dass die Frage, ob der Lockdown notwendig war, nicht allein aufgrund epidemiologischer Daten entschieden werden konnte. Die Entscheidungen für den Lockdown erfolgten nicht im psychologischen und sozialen Vakuum, sondern mussten zahlreiche weitere Dynamiken berücksichtigen. Wie der Lockdown im Detail umgesetzt wurde und welche Wirkungen dies hatte, das wird im nachfolgenden Kapitel untersucht.

6. Lockdown – Elemente, Wirkungen, Alternativen

Die vorangegangenen Kapitel haben die historischen, biologischen, epidemiologischen, psychologischen und gesellschaftlichen Hintergründe der Lockdown-Maßnahmen analysiert. Nun geht es um die Details dieser Maßnahmen. Es sei daran erinnert, dass bereits im Einführungs-Kapitel auf die sich im Verlauf der Pandemie entwickelnde breite Bedeutung des Lockdown-Begriffs hingewiesen wurde. Diese Breite der Bedeutung ist einerseits für den allgemeinen Sprachgebrauch relevant, sie ist aber auch aus wissenschaftlicher Sicht von Relevanz als deutlich werden wird, dass es schwierig ist, die einzelnen Bestandteile dieser Maßnahmen getrennt zu analysieren. Insofern ist der breite Gebrauch des Begriffs methodisch gerechtfertigt.

Die Lockdown-Maßnahmen hatten primär das Ziel, die Verbreitung des Virus in der Bevölkerung einzudämmen, in wenigen Ländern wie Neuseeland jedoch auch, das Virus zu eliminieren. Über die Eindämmung oder die Elimination sollten Krankheit und Sterblichkeit in Grenzen gehalten und das jeweilige Gesundheitssystem vor Überlastung geschützt werden. Zu diesen Zweck haben die meisten Gesundheitsadministrationen die Devise der Abflachung der Infektionskurve ausgegeben (engl. *flatten the curve*). Schließlich ermögliche es der Lockdown, weitere Maßnahmen, die passgenauer waren, zu planen und umzusetzen. Welche Maßnahmen dies im Einzelnen waren und welche Wirkungen sie auf das Infektionsgeschehen hatten, das wird nachfolgend eingehender beschrieben. Zudem wird abschließend auf die beiden Alternativen zum Lockdown eingegangen, dem südostasiatischen Vorgehen mit frühen Grenzschließungen und umfangreicher Testung sowie Nachverfolgung der Kontakte und dem ›Schwedischen Modell‹, das im Wesentlichen auf Verhaltensempfehlungen basierte.

6.1 Nicht-pharmakologische Maßnahmen während des Lockdowns

Eine Pandemiebekämpfung muss sich generell so lange auf nicht-pharmakologische Maßnahmen verlassen, wie medikamentöse Interventionen nicht zur Verfügung stehen oder aber nicht ausreichen, um Risikopersonen zu schützen. Welche Maßnahmen sind im Einzelnen während der Coronavirus-Pandemie implementiert worden?

Einschränkungen der Bewegungsfreiheit. Einen Lockdown im engeren Sinne bedeuteten die vielfältigen Einschränkungen der Bewegungsfreiheit. Hierbei handelte es sich um Konzepte, die seit Jahrhunderten praktiziert wurden, wenngleich auch nicht in der Striktheit wie während der Coronavirus-Pandemie. Die Konzepte beinhalteten für Nicht-Infizierte etwa die Abriegelungen ganzer Städte und Regionen wie in China und Italien. Derartige Maßnahmen waren zuvor noch nie durchgeführt worden, wie ein Vertreter der Weltgesundheitsorganisation WHO nach der Abriegelung der Stadt Wuhan in China betonte [396]. Weiterhin wurden Ausgangssperren (teilweise verbunden mit der Verpflichtung, entsprechende Dokumente beim Aufenthalt im Freien mit sich zu tragen) angeordnet oder aber die Verpflichtung, von zu Hause zu arbeiten, wenn immer möglich. Bei Kontakt mit Infizierten wurde eine Quarantäne unumgänglich, ebenso war dies der Fall in vielen Ländern nach der Rückkehr aus einem Gebiet, das als Risiko eingestuft wurde. Die Quarantäne dauerte zumeist über 10 bis 14 Tage. Eine Selbst-Isolation wurde verpflichtend nach dem Nachweis einer eigenen Infektion. Hier musste der Kontakt mit anderen Menschen auf ein Minimum und mit entsprechenden Schutzmaßnahmen reduziert werden.

Infektionstests und Kontaktnachverfolgung. Eine der zentralen Herausforderungen in der Pandemiebekämpfung war der große Anteil von Personen, welche die Infektion weitergeben konnten ohne jedoch selbst zu bemerken, dass sie sich infiziert hatten. Dazu zählten die asymptomatischen Fälle, also diejenigen Personen, die überhaupt keine Krankheitsanzeichen bemerkten sowie die präsymptomatischen Fälle, das waren Personen, die vor dem Krankheitsausbruch standen, aber noch keine entsprechenden Symptome verspürten. Zur Unterbrechung der Infektionsketten war es geboten, so viele infizierte Personen wie möglich zu finden, indem sie mittels eines Tests auf das Virus identifiziert wurden. Standardmäßig wurden sogenannte PCR-Tests eingesetzt (engl. *Polymerase Chain Reaction-Tests*), die eine gewisse Zeit brauchten, um das Ergebnis zu produzieren. Die identifizierten Personen galt es zu isolieren und deren Kontakte der letzten Tage zu finden. Die Kontakte mussten sich daraufhin in Quarantäne begeben.

Zur Kontaktnachverfolgung wurden sowohl traditionelle Papier-und-Stift-Verfahren eingesetzt (z.B. in Restaurants) als auch digitale Mobil-Telefon-Applikationen (engl. *Tracing Apps*), welche den Kontakt mit einer infizierten Person registrieren sollten. Die traditionelle Nachverfolgungs-Methode setzte eine große Anzahl von Personen voraus, die behördlicherseits infizierte Personen und deren Kontakte antelefonieren und mit entsprechenden Informationen versehen mussten.

Maßnahmen im Alltag. Bei den Alltagsmaßnahmen wurde größtenteils ebenfalls auf alte Konzepte zurückgegriffen. In vielen Ländern wurden Abstandsgebote verpflichtend gemacht, oft zu Beginn von 2 Metern, dann 1,50 Meter. In den Vereinigten Staaten waren es 6 Fuß, also etwa 1,80 Meter. Diese Gebote wurden etwas unglücklich ›Soziale Distanz‹ betitelt, ging es doch weniger um soziale Distanz als um physische Distanz. Mit der physischen Distanz sollte die Übertragung von Tröpfcheninfektionen verringert werden. Inwieweit das auch für die Aerosole, also die kleineren Luftteilchen mit Infektionsrisiko galt, blieb bis in den Sommer 2020 hinein umstritten [397]. Diese Aerosole sind auch über eine Entfernung von 2 Metern hinweg übertragbar. Neuere Empfehlungen haben Zweifel an strikten Entfernungsgeboten angemeldet und flexible Abstände gefordert [398]. Ob diese allerdings alltagspraktikabel sind, daran sind ebenso große Zweifel angebracht.

Neben den Abstandsgeboten wurde das Tragen von Masken über Mund und Nase zunehmend zur Pflicht beim Aufenthalt in öffentlich zugänglichen Räumlichkeiten wie Geschäften, Gesundheitseinrichtungen oder im öffentlichen Transport. Im Verlauf des Sommers 2020 wurde dies auch in vielen Schulen angeordnet, sei es außerhalb des Unterrichts, manchmal sogar während der Lehrveranstaltung. Masken waren in Deutschland schon kurz nach den ersten Lockerungen in Geschäften und im öffentlichen Transport verpflichtend gemacht worden, während in der Schweiz diese erst später und dann auch zunächst nur im Transportwesen angeordnet wurden.

Zu den Alltagsmaßnahmen zählten weiterhin hygienische Maßnahmen. Weithin akzeptiert wurden Regeln, die das Niesen und das Husten in die Armbeuge anstatt der Hände empfahlen. Von besonderer Bedeutung war die Handhygiene, also insbesondere das Händewaschen mit Seife für ungefähr 20 Sekunden oder aber die Nutzung von Desinfektionsmitteln. Die Desinfektion von Oberflächen wie Restauranttischen oder Handgriffen von Einkaufswagen kann ebenfalls darunter gezählt werden. Allerdings ist die Kontamination von Oberflächen deutlich weniger relevant als die Übertragung von Luftpartikeln, wie die Forschung im Verlauf der Pandemie zeigte [399]. Oberflächen sind allenfalls dann riskant, wenn eine infizierte Person die Fläche angehustet oder angeniest hat und jemand direkt anschließend diese Kontamination über die Hände in sein oder ihr Gesicht weiterverbreitet hat. Schließlich wurde in vielen Ländern die Anzahl der Personen beschränkt, mit denen sich von Angesicht zu Angesicht getroffen werden durfte. Oft wurde noch unterschieden, ob die Personen aus unterschiedlichen Haushalten stammen konnten.

Reisebeschränkungen. Um die Ausbreitung der Infektion innerhalb eines Landes oder zwischen Ländern zu verhindern, wurden vielerorts interne Beschränkungen angeordnet und in fast allen Staaten grenzüberschreitende Restriktionen. Die internen Reisebeschränkungen bezogen sich zumeist auf Regionen mit einer besonders hohen Fallzahl. Begleitet wurden die Reisebeschränkungen nicht selten von der Reduktion oder der Einstellung des öffentlichen Transports. Durch die Übernahme dieser Konzepte in nahezu allen Staaten kam vor allem der internationale Reiseverkehr mehr oder weniger vollständig zum Erliegen. Im Laufe des Sommers 2020 wurden die Reisebeschränkungen in der Regel wieder aufgehoben, aber nach Ausbrüchen in Ferienregionen teilweise wieder implementiert.

Schließung von Geschäften, Einrichtungen und Veranstaltungslokalitäten. Ein wesentlicher Teil des Lockdowns war die Schließung von Lokalitäten, die entweder als nicht-essentiell für die Versorgung der Bevölkerung betrachtet wurde und/oder wo ein erhebliches Übertragungsrisiko vermutet wurde. Hierzu zählten insbesondere Restaurants, Bars, Fitnesseinrichtungen und Sportangebote. Nach den allgemeinen Lockerungen konnten diese Einrichtungen ihren Betrieb unter teils erheblichen Beschränkungen wieder aufnehmen. Mit diesen Einschränkungen konnten im Verlauf des Sommers 2020 Sportveranstaltungen wieder aufgenommen werden. In aller Regel fanden diese unter Ausschluss von anwesendem Publikum statt (»Geisterspiele«). Konzertveranstaltungen wurden gelegentlich in Autokinos verlegt; diese erfuhren auch für Filme eine Renaissance. Andere Konzerte oder Theater- und Filmaufführungen mit Publikum wurden zumeist nicht angeboten oder sie mussten mit deutlich reduzierter Platzzahl stattfinden.

Schließung von Ausbildungs- und Kinderbetreuungseinrichtungen. In Ausbildungs- und Kinderbetreuungseinrichtungen kommt eine Vielzahl von Personen zusammen, wodurch ein erhebliches Infektionsrisiko besteht. Dies gilt insbesondere dann, wenn die Personen die Infektion in ihre Familien tragen können. Zudem sind Lehrpersonen nicht selten Angehörige von Risikogruppen. Die Schließung von Hochschulen und anderen Einrichtungen, in denen Erwachsene unterrichtet wurden, war dabei relativ wenig umstritten, da der Unterricht zumeist online stattfinden konnte und keine Betreuungsprobleme entstanden. Deutlich problematischer war die Schließung von Regelschulen und Einrichtungen für Minderjährige sowie vor allem für kleinere Kinder. Hierdurch waren nämlich die Eltern und andere Betreuungspersonen gezwungen, zu Hause für die Beaufsichtigung und teilweise auch für den Unterricht zu sorgen. Diese Thematik spielte insbesondere auch in der US-amerikanischen Politik eine große Rolle, wo Präsident Trump auf eine schnelle Wiederöffnung von Schulen und Kindergärten drängte, damit die Eltern die Arbeit aufnehmen konnten. Zu der Diskussion trug auch die widersprüchliche Studienlage bei, die über längere Zeit keine klaren Evidenzen und Empfehlungen für den Umgang mit Kindern während der Pandemie geben konnte [400].

Beschränkungen für pflegerische, soziale und medizinisch-therapeutische Einrichtungen. Aufgrund des großen Übertragungsrisikos im Heimen, Spitälern bzw. Kliniken und Praxen wurden diese entweder gänzlich für externe Personen gesperrt oder aber nur mit beschränkter Zugänglichkeit geöffnet. In vielen Einrichtungen herrschte über längere Zeit ein Besuchsverbot, was insbesondere für Menschen mit Demenz oder anderen Behinderungen ein massives Problem darstellte. Zugleich wurde vielerorts auch ein Ausgangsverbot für Bewohnende von Heimen angeordnet. In den Kliniken bzw. Spitälern ist die Kapazität für elektive (planbare) Behandlungen reduziert worden, einerseits, um Reserven für Covid-19-Betroffene zu haben und anderseits, um die Übertragungswege zu minimieren. Wo immer möglich, beispielsweise in der psychiatrischen Versorgung, wurden telemedizinische Kontakte per Video oder Telefon hergestellt.

Innerhalb der Lockdown-Maßnahmen haben sich im Verlaufe der Pandemie verschiedene Varianten ausgebildet, die folgendermaßen typologisiert werden können:

- Chinesische Variante: Ganze Regionen unter Quarantäne stellen und drastische Ausgangssperren verhängen,
- Neuseeländische Variante: Elimination der Infektion durch rigorose Grenzschließungen und Kontaktnachverfolgung,
- Südeuropäische Variante (Italien, Spanien, Frankreich): Drastische Ausgangssperren,

- Deutsche/schweizerische Variante: Lockdown light, indem primär auf Kontaktbeschränkungen und Schließungen weniger relevanter Infrastrukturen und – in der Schweiz etwas später – Maskenpflicht gesetzt wurde, aber keine Ausgangssperren verhängt worden sind; zusätzlich ist viel getestet worden,
- Britische Variante: Zuwarten und dann über lange Zeit auf ein Modell wie in Deutschland und in der Schweiz setzen,
- US-amerikanische Variante: regional unterschiedliche Restriktionen und frühe Öffnung,
- Israelische Variante: massive Restriktionen zu Beginn, anschließend schnelle und umfassende Öffnung.

Zugegebenermaßen ist diese Typologie sehr holzschnittartig und es wird zahlreiche weitere Varianten gegeben haben (die Alternativen aus Schweden und Südostasien werden unten noch ausführlich beschrieben). Im Detail sind die Unterschiede in den Restriktionen und Einschränkungen zwischen Ländern sehr gut aufbereitet mit Daten aus dem ›Oxford COVID-19 Government Response Tracker‹ [401] auf Webseiten wie denen der Financial Times [402] einzusehen. Zudem gilt es zu berücksichtigen, dass über die Zeit hinweg in den verschiedenen Ländern Anpassungen an die jeweilige Situation vorgenommen worden sind.

6.2 Wirkungen des Lockdowns

Hat der Lockdown den Nutzen gehabt, die man sich in Bezug auf die Infektionsausbreitung erwartet hatte? Welche Maßnahmen haben besonders gut gewirkt und welche nicht? Und wie ist es um den angemessenen Zeitpunkt bestellt, an dem Restriktionen in Kraft gesetzt werden sollen?

Die Beantwortung dieser Fragen ist methodisch relativ schwierig und aufwändig. Idealerweise stehen für die Analyse sogenannte natürliche Experimente zur Verfügung, also im Falle des Lockdowns beispielsweise zwei Gebiete, die sich relativ ähnlich sind und in denen unterschiedliche soziale Restriktionen in Kraft waren. Das Forschungsdesign besteht demnach bestenfalls aus einer Interventionsbedingung (Lockdown) und einer Kontrollbedingung (kein Lockdown). Ein etwas anderes, weniger aussagekräftiges Forschungsdesign könnte auch eine Vorher-Nachher-Untersuchung sein. Und dann kommt es darauf an, dass sich nicht zu viele Nebenbedingungen mit der Einführung des Lockdowns geändert haben, sonst können die besonderen Wirkungen der Maßnahmen nicht gefunden werden.

Schon diese Aufzählung von Forschungsaspekten macht deutlich, dass es nur sehr schwer möglich ist, tatsächlich herauszufinden, was gewirkt und wie es gewirkt hat. Ein großes Problem in diesem Zusammenhang ist die Gleichzeitigkeit vieler behördlich angeordneter Maßnahmen. Diese Restriktionen treffen dann auch noch auf psychologische Reaktionen wie Angst vor der Infektion sowie auf Verhaltensänderungen, die sowohl durch die psychologische Reaktion als auch durch die Vorwegnahme einer Restriktion bedingt sein können. Wenn also angekündigt wird, dass Restaurants ab Übermorgen nicht mehr aufgesucht werden können, werden heute schon viele Menschen diesen Besuch meiden – aus welchen Gründen auch immer.

Ein weiteres Problem sind die zur Verfügung stehenden Daten. Wie bereits häufig in diesem Buch angesprochen wurde, ist die Datenlage gerade zu Beginn einer Pandemie relativ schlecht und die Forschenden müssen sich mit Annahmen behelfen sowie mit Datengrundlagen aus Regionen, die schon früher von der Pandemie betroffen waren. Daher sind die frühen Studien, in denen die Entwicklung der Infektion in verschiedenen Ländern statistisch modelliert worden ist, auf Daten aus China angewiesen gewesen. So hat beispielsweise die Modellierungsstudie von Forschenden des *Imperial College London* aus dem März 2020, die eine der wirkungsmächtigsten Studien der letzten Jahrzehnte war, weil sie die britische Pandemie-Strategie in eine komplett veränderte Richtung motivierte, Annahmen aus Influenza-Studien übernommen sowie Daten aus Wuhan genutzt [172]. Nicht zuletzt aus diesen Gründen sind Modellierungsstudien zur Coronavirus-Pandemie mitunter scharf kritisiert worden [403]. Abgesehen von den Daten und den Annahmen sind auch die statistischen Methoden nicht immer so konservativ angewendet worden, wie es an der einen oder anderen Stelle nötig und möglich gewesen wäre.

Es verwundert daher nicht, dass ausgerechnet zu einem Zeitpunkt, an dem präzise und methodisch anspruchsvolle Studien gebraucht wurden, diese nicht zur Verfügung standen. Bis in den Sommer 2020 hinein existierte auch keine randomisierte kontrollierte Studie, bei der man etwa die Nebenbedingungen kontrollieren kann. Solche Studien hätte man für wesentliche Aspekte der Pandemiebekämpfung, beispielsweise für das Tragen von Gesichtsmasken, benötigt. Und es brauchte auch in vielen Ländern relativ lange, bis Bevölkerungsstudien durchgeführt wurden, welche die Rate der Infektionen untersuchten. Es war lange unklar, wie schnell die Infektion fortgeschritten war und wie viele Menschen sich bereits angesteckt hatten. Solche Daten, die auch im Deutschen ›Real World-Daten‹ genannt werden, informieren besser über das Geschehen als statistische Modelle, insbesondere dann, wenn sie methodisch anspruchsvoll durchgeführt werden – und das braucht nun einmal viel Zeit und Ressourcen.

Was also hat die Phase des Lockdowns gebracht? Unstrittig ist allgemein, dass die Mobilität vieler Menschen während der Lockdown-Monate im Frühjahr und Sommer 2020 erheblich zurückging. Gemäß einer statistischen Analyse globaler Bewegungsdaten der Firma Google, die das Mobiltelefon-Betriebssystem Android vertreibt, ging die globale Mobilität im April/Mai 2020 um 50 Prozent zurück und erholte sich bis Ende Juli auf die Hälfte dieses Rückgangs – und dies obwohl in den meisten Länder zwischenzeitlich die Restriktionen wieder deutlich zurückgefahren wurden [404]. Die Gastronomie und das Veranstaltungswesen hatte darunter am meisten zu leiden und gerade letzteres war Ende Juli immer noch nahe dem Maximalwert des Rückgangs der Google-Suchen nach Tickets. Dieser allgemeine Rückgang der Mobilität korrespondierte mit einem drastischen Einbruch von »seismischem Lärm«, also in den Aufzeichnungen von Messgeräten, die üblicherweise für die Erdbebenanalyse und -warnung genutzt werden. Einer umfangreichen Studie weltweiter seismologischer Einrichtungen zufolge, sank der Lärm, den der moderne Mensch im Rahmen seines Alltags produzierte, um bis zu 50 Prozent [405].

Doch was bedeutete dies für die Infektionsausbreitung? Der Zusammenhang zwischen abnehmender Mobilität in der Bevölkerung und dem Infektionsgeschehen während der Pandemie ist empirisch klar belegt. Eine Reduktion der Mobilität senkt nachweislich die Reproduktionszahl [406]. Unstrittig ist auch, dass das Gesamtpaket der nicht-pharmakologischen Interventionen den gewünschten Effekt auf das Infektionsgeschehen und damit auch auf die Entwicklung der Mortalität hatte [407]. Mittels einer Modellierungsstudie hat das oben bereits angesprochene Forschungsteam des *Imperial College* London dann nach einigen Monaten analysiert, wie viele Infektionen und Todesfälle durch die nicht-pharmakologischen Interventionen (darunter auch ein Lockdown im strikten Sinne) in 11 europäischen Ländern bis Anfang Mai 2020 vermieden wurden. Das Forschungsteam kam zu dem Ergebnis, dass mehr als 3 Millionen Menschenleben hierdurch gerettet wurden, für die Schweiz wurde die Anzahl auf über 50.000 geschätzt, für Deutschland auf über 500.000 [408].

Den größten Effekt unter den non-pharmakologischen Interventionen hatte dieser Analyse zufolge ein strikter Lockdown, während Schulschließungen und andere Maßnahmen weniger effektiv waren. Allerdings wurden hier sämtliche Formen des Lockdowns gemeinsam untersucht, das heißt, es wurde nicht zwischen den Ausprägungen von, beispielsweise, Italien und der Schweiz unterschieden. Zudem besteht, wie das Autorenteam selbst anmerkte, ein großes methodisches Problem darin, dass die verschiedenen Interventionen relativ rasch nacheinander implementiert wurden, so dass die zeitlichen Effekte der unterschiedlichen Restriktionen nicht wirklich zu trennen waren. Gerade dieser Aspekt ist anschließend aus methodischer Sicht erheblich kritisiert worden, da aufgrund von zahlreichen Daten aus Europa und den Vereinigten Staaten deutlich wurde, dass Indikatoren wie die Reproduktionszahl bereits vor der rechtlichen Einführung des Lockdowns drastisch gesunken war [409].

Die Frage der effektiven Zeitpunkte von Lockdown-Interventionen hat daher die Forschung erheblich beschäftigt. Ein deutsches Forschungsteam hat analysiert, dass nach drei Implementierungsterminen von Restriktionen in Deutschland ein klarer Rückgang des Infektionsgeschehens zu finden war, der effektivste Zeitpunkt sei aber erst nach der offiziellen Lockdown-Einführungen geschehen [12]. Diese Schlussfolgerung wurde durch eine weitere Studie bestätigt [410]. Mit einer anderen Methodik kam jedoch ein israelisches Forschungsteam beim Vergleich verschiedener Länder zu einem anderen Resultat. Demnach ist gerade in Deutschland, etwa im Kontrast zu Italien, ein effektiver Rückgang der Infektion bereits vor der Lockdown-Einführung geschehen [411]. Dieser Befund war bereits zuvor in einer Analyse des Robert-Koch-Instituts [145] und einer weiteren Untersuchung [412] ebenso berichtet worden.

Aus der israelischen Studie geht bemerkenswerterweise auch hervor, dass die europäischen Länder mit einer hohen Sterblichkeit, nämlich Großbritannien, Italien, Frankreich und Belgien, den effektiven Rückgang des Infektionsgeschehens erst deutlich nach der offiziellen Implementierung geschafft haben. Für die Schweiz fand diese Analyse eine Übereinstimmung zwischen effektivem Datum und offiziellem Datum der Maßnahmen heraus, ein Ergebnis, das zudem von einem schweizerischen Forschungsteam bestätigt wurde [413]. Für Großbritannien gibt es jedoch auch eine Untersuchung, die dem obigen Ergebnis widerspricht und eine klare Evidenz für Effekte vor dem Lockdown berichtet [414].

Neben dem Zeitpunkt der Einführung des Lockdowns ist auch der Umfang der Maßnahmen bzw. die Frage der einzelnen Komponenten verschiedentlich untersucht worden. Oben wurde bereits auf die Problematik des Herausfilterns einzelner Komponenten hingewiesen. Zudem korrelieren die zeitlichen und die inhaltlichen Sachverhalte. Vor dem Lockdown sind in der Regel individuelle Verhaltensanpassungen vor dem Hintergrund behördlicher Empfehlungen geschehen, aber auch angesichts einzelner Maßnahmen wie dem Verbot von Großereignissen erfolgt. Wenn man diese Bereiche auseinanderdividiert, so kam eine umfangreiche Analyse von Daten aus 35 westlichen Ländern zu dem Schluss, dass die Verhaltensanpassungen vor dem Lockdown zu einem Drittel der Folgen beigetragen hatten, aber erst nach dem Lockdown wirklich zu den deutlichen Reduktionen im Infektionsgeschehen führten [415].

Eine weitere Studie mit ebenfalls internationalen Daten bestätigte dies, machte aber die Einschränkung, ein vollständiger Lockdown hätte nur wenig zusätzliche Auswirkungen gehabt [416]. Diesbezüglich finden sich eine Reihe diverser Veröffentlichungen, welche schon ausreichende Folgen von Verhaltensanpassungen finden, die nicht zusätzlicher staatlicher Lockdowns bedürfen, um die Infektion zu kontrollieren [z.B. 417, 418, 419]. Andere hingegen kommen zum gegenteiligen Schluss und postulierten, nur der Lockdown habe die entsprechenden Folgen für das Infektionsgeschehen und die Mortalität gehabt [z.B. 12, 420, 421]. Zudem ist mit epidemiologischen Modellen mehrfach gezeigt worden, ein früherer Lockdown hätte zahlreiche Menschenleben retten können. Dies ist etwa für die Vereinigten Staaten [422] oder für die Schweiz [423] analysiert worden. Und in Großbritannien hat ein ähnlicher Befund angesichts der vielen Todesopfer zu politischen Auseinandersetzungen geführt [222].

6.3 Alternativen zum Lockdown – Südostasien und Schweden

Im Kapitel 1 wurde die Frage nach den Alternativen zum Lockdown und den Optionen innerhalb der Lockdown-Maßnahmen gestellt. Eine erste Alternative wurde bereits im Kapitel 2 als nicht hinnehmbar in der modernen Gesellschaft bewertet, nämlich der Verzicht auf jedwede Prävention und Intervention, was im Falle der Coronavirus-Pandemie zu mehreren Millionen Toten geführt hätte. Diese Alternative, die noch Mitte des 20. Jahrhunderts während Influenza-Pandemien praktiziert worden ist, ist heute nicht mehr gangbar. Welche realistischen weiteren Möglichkeiten hätte es gegeben? In den Ländern des globalen Nordens sind von Beginn der Pandemie an zwei Alternativen umgesetzt worden, das südostasiatische Modell mit Grenzschließungen und massiven Testungen bei gleichzeitig weitestgehendem Verzicht auf Lockdown [45] sowie das viel diskutierte ›Schwedische Modell‹, das auf Verhaltensempfehlungen und kleineren Einschränkungen im Alltag basierte, aber ebenfalls auf drastische Restriktionen verzichtete [46].

Das südostasiatische Modell. Die zu Beginn der Pandemie recht erfolgreichen Länder bzw. Regionen Südkorea, Taiwan und Vietnam haben ihr Vorgehen primär auf der Identifikation infizierter Personen und der Nachverfolgung von Kontakten aufgebaut [45]. Gemeinsam ist ihnen auch die relativ frische Erinnerung an die SARS-Epidemie zu Beginn der 2000er-Jahre, die dazu führte, dass konzeptionelle, personelle und technologische Ressourcen aufgebaut wurden, um für weitere Epidemien gewappnet zu sein. Die Erfolge im Sinne der Begrenzung der Infektion durch das neue Coronavirus sprechen aus den Daten vom Ende August 2020. Auf 100.000 Einwohner bezogen wurden folgende Sterberaten berichtet: Südkorea 0,63; Taiwan 0,03; Vietnam 0,03 [424]. Zum Vergleich: Schweiz 23,5; Deutschland 11,2 Todesfälle.

Taiwan kann in diesem Zusammenhang geradezu als Musterfall für eine gelungene Pandemieplanung und schnelles Eingreifen referiert werden. Das Koordinationszentrum zur Virusabwehr war im Januar 2020 schon zu einem Zeitpunkt in einem Bunker an der Arbeit, als noch keine bestätigte Infektion aufgetreten war [425]. In Taiwan und anderen Ländern der Region hatte man in den letzten zwei Jahrzehnten mehrere Epidemien erlebt, wodurch ein neuer Virusausbruch denkmöglich und die Vorbereitung deutlich erleichtert wurde. Während der SARS-Epidemie waren in diesem Land 70 Menschen gestorben. Als Reaktion auf diesen Verlauf hat die Regierung ein landesweites Netzwerk aufgebaut, das sich um solche Risiken kümmert. Jährliche groß angelegte Übungen haben es geschafft, dass die Epidemiebekämpfung innerhalb weniger Tage nach Bekanntwerden der ersten Fälle in der Volksrepublik China aktiviert wurde [426]. Sehr wahrscheinlich hat die Skepsis gegenüber den offiziell aus der Volksrepublik berichteten Daten zusätzlich zur Vorsicht in Taiwan beigetragen. Schon am 31.12.2019 wurden Reisende aus Wuhan auf ihren Gesundheitsstatus hin untersucht und unter Umständen zur Quarantäne oder Isolation verpflichtet [427].

Im Rahmen der Vorbereitung auf eine Epidemie unbekannten Ausmaßes hat das Land auch materielle Ressourcen vorgehalten, die es in die Lage versetzt hat, beispielsweise bis Ende März 2020 13 Millionen Masken täglich zu produzieren [428], während in vielen Ländern Westeuropas die Maskenproduktion und -beschaffung noch bis weit in den Sommer des Jahres hinein nicht wirklich funktionierte. Zudem wurde auch die Produktion von PCR-Test Kits mittels Roboter automatisiert. Eine weitere technologische Unterstützung war eine verpflichtende zentralisierte Datenbank, die unter anderem über eine Mobiltelefon-App gespeist wurde. Sie enthielt auch Angaben über Auslandsreisen und konnte Aufenthalte und Kontakte in Taiwan identifizieren. Wenn sich jemand infiziert hatte und zuvor in einem Supermarkt oder in einem Restaurant aufgehalten hatte, erhielten alle zum fraglichen Zeitpunkt anwesenden Personen eine entsprechende Benachrichtigung, welche sie über das Risiko informierte und zugleich Verhaltensmaßregeln mitteilte. Und wenn Personen in Quarantäne ihre Aufenthaltsbereiche verließen, wurden lokale Behörden darüber informiert. Es handelte sich, wie ein Artikel in der britischen Zeitschrift *Guardian* zusammenfasste, »...um eine vollkommen transparente Form der überwachten Selbstdisziplin.« [429]

Erleichtert wurden diese Maßnahmen durch eine offenbar kulturelle Haltung, bei der schon lange vor der Pandemie im Jahr 2020 das Maskentragen in der Bevölkerung akzeptiert und – wie auch in anderen Teilen Asiens – praktiziert wurde [430]. Ebenfalls kulturell bedingt ist offenbar die Bereitschaft, Daten und Aufenthaltsorte technologisch sammeln zu lassen und Behörden so eine massive Überwachung eines Individuums zu ermöglichen. Im Gegenzug wurden jedoch keine Lockdown-Maßnahmen implementiert, wie sie in Europa oder Nordamerika üblich waren. Restaurants, Geschäfte oder Schulen sind nicht geschlossen worden.

Das Schwedische Modell. Eine andere Form kultureller Bedingungen für den Umgang mit der Pandemie war in Schweden zu erkennen. Hier wurde sehr viel Wert auf Verhaltensempfehlungen und Eigenverantwortung gelegt. Auch dies zeigt – wie in Südostasien – ein hohes Vertrauen in Behörden [431], allerdings verbunden mit einer individualistischen Konnotation, während sie in Asien eher auf der Gemeinschaft basiert. Im Endeffekt wurde in Schweden kein Lockdown wie im Rest Europas oder in anderen Ländern etabliert, sondern es wurden Großveranstaltungen abgesagt, Universitäten geschlossen und einzelne Maßregeln im Wirtschaftsbereich erlassen, etwa in Restaurants. Diese blieben aber, anders als in vielen weiteren Ländern, prinzipiell offen.

In einem Interview mit der Wissenschaftszeitschrift *Nature* hat der für die Strategie maßgeblich verantwortliche Epidemiologe Anders Tegnell schon im April 2020 die Hintergründe und Ziele beschrieben [432]. Demnach hat Schweden, ebenso wie andere Länder versucht, die Infektionskurve flach zu halten und das Gesundheitssystem vor dem Kollaps zu bewahren. Allerdings seien die rechtlichen Grundlagen für Lockdowns und Flächen-Quarantäne in Schweden nicht gegeben. Daher sei es kaum anders möglich gewesen, die Pandemiebekämpfung so zu konzipieren wie geschehen. Eine weitere Differenz zu anderen Ländern ist die relativ niedrige Testrate in dem Land [433]. Im Vergleich zu skandinavischen Nachbarn sind bis Mitte August 2020 deutlich weniger Tests auf das Coronavirus durchgeführt worden, etwa nur halb so viel wie in Norwegen und nur etwa ein Fünftel von dem Ausmaß in Dänemark. Dänemark und Norwegen hatten wesentlich strengere Maßnahmen in Sachen Lockdown eingeführt als Schweden. Aus diesem Grund ist in Schweden eine weitaus größere Dunkelziffer infizierter Personen zu erwarten als in den Nachbarländern und Schwedens Datenlage war über den gesamten Pandemiezeitraum unsicherer als in vielen anderen Regionen. Die gesamte Strategie legte verschiedentlich die Vermutung nahe, Schweden habe entgegen offizieller Bekundungen doch auf eine Herdenimmunität gesetzt. Allerdings waren die entsprechenden Studien zur Immunität in der Bevölkerung nie in den statistischen Regionen angekommen wie es nötig gewesen wäre und wie auch in Teilen Schwedens erwartet worden war [434].

Ein Artikel im deutschen Nachrichtenmagazin *Der Spiegel* kam zu dem Schluss, »Schweden hat mehr Infektionen zugelassen als seine Nachbarn – und entsprechend mehr Tote.« [435] In der Tat hatte das Land mit 57,0 Todesfällen auf 100.000 Einwohner Ende August 2020 eine ähnlich hohe Mortalität wie Italien (58,7), Brasilien (58,9) oder die Vereinigten Staaten (56,1) [424]. Die nordischen Nachbarn Dänemark (10,8), Norwegen (5,0) und Finnland (6,1) hatten eine erheblich geringere Sterblichkeit aufzuweisen. Dabei ist es angesichts der Bevölkerungsdichte und den relativ vergleichbaren Sozial- und Gesundheitssystemen in Skandinavien eher angebracht, die Nachbarn für derartige Vergleiche heranzuziehen als etwa Italien oder die Vereinigten Staaten [436]. Ein Unterschied besteht allerdings in der etwas geringeren Anzahl von Intensivbetten. Das schwedische Gesundheitssystem hatte ein etwas größeres Risiko, mit einem großen Infektionsausbruch nicht zurecht zu kommen. Es zeigte sich im Verlauf der Pandemie jedoch, dass viele Menschen nicht auf den Intensivstationen starben, sondern außerhalb von Kliniken bzw. Spitälern oder auf Normalstationen [437]. Dies ist ein Hinweis für den wesentlichen Faktor in der schwedischen Mortalität – wie auch offiziell immer anerkannt –, nämlich die recht hohe Todesrate in den Alters- und Pflegeheimen. Allerdings unterschied sich diese Problematik nicht elementar von der in anderen Ländern des globalen Nordens.

Hätte Schweden mit einem Lockdown die Sterblichkeit erheblich vermindern können? Hätte also ein Lockdown wirklich einen Unterschied zu der implementierten Strategie gemacht? Einer Simulationsstudie zufolge sind an der Hypothese Zweifel angebracht [438]. Für diese Studie wurde ein ›Doppelgänger‹-Land simuliert, das sich genauso verhielt wie Schweden zu Beginn der Pandemie, in dem dann aber ein Lockdown implementiert wurde. Im Ergebnis hätte dies gemäß den Resultaten das Infektionsgeschehen und auch die Todesfälle nicht wesentlich niedriger ausfallen lassen. Hintergrund dafür sind die individuellen Verhaltensanpassungen, welche die schwedische Bevölkerung auch ohne Lockdown während der Pandemie gezeigt hat. Auswertungen von Bewegungsdaten von Mobiltelefonen haben etwa gezeigt, dass die Reduktion der Nutzung des öffentlichen Verkehrs und des Aufenthalts in Geschäften sichtlich zurückging, aber vermutlich nicht so drastisch wie unter Lockdown-Bedingungen. Zudem gibt es einige weitere epidemiologische Hinweise auf eine besonders vulnerable Gruppe älterer Menschen in schwedischen Pflegeeinrichtungen, welche offenbar nur unzureichend geschützt worden waren [439].

6.4 Schlussfolgerungen – Der Erfolg des Lockdowns

Was hat der Lockdown nun wirklich gebracht? Eine Antwort in einem Satz ist auf diese Frage nicht möglich. Zu komplex sind die unterschiedlichen Länder-Varianten, die methodischen Probleme in der Forschung und die Schwierigkeiten, die Wirkungen der inhaltlichen Komponenten sowie der zeitlichen Abläufe zu separieren. Die nachfolgenden Konklusionen sind meine Interpretation der vorgestellten Daten und Zusammenhänge.

Festgehalten werden kann zunächst, dass das Gesamtpaket der nichtpharmakologischen Interventionen, also der Lockdown im umfassenden Sinne, in der Lage war, die Mobilität in der Bevölkerung zu vermindern und das Infektionsgeschehen sowie die Sterblichkeit in den einzelnen Ländern gering zu halten oder zu reduzieren. Klar ist auch, dass die Erfolge umso deutlicher ausfielen, je früher und je strikter Lockdown-Maßnahmen eingeführt wurden. Unklar ist hingegen, welche Bedingungen im Einzelnen für Erfolg oder Misserfolg der Pandemiebekämpfung verantwortlich zu machen sind. Unklar ist weiterhin, welchen Beitrag die ohnehin eingetretenen Verhaltensänderungen in der Bevölkerung an der Reduktion des Infektionsgeschehens hatten. Für alle diese Unklarheiten wird es vermutlich niemals eine eindeutige Aufklärung geben. Wenn in Deutschland etwa die Reproduktionszahl vor der offiziellen Lockdown-Einführung unter 1 gedrückt wurde, so heißt dies nicht, dass es generell der Fall war. Und wenn in Schweden die Verhaltensempfehlungen relativ gut eingehalten wurden, so kann nicht davon ausgegangen werden, dass dies ohne Weiteres auf andere Länder übertragbar gewesen wäre. Es wird Länder und Situationen gegeben haben, in denen der Lockdown einen zusätzlichen Effekt auf das Infektionsgeschehen hatte und es wird Situationen gegeben haben, bei denen das nicht der Fall war.

Wenig erforscht, aber nach meiner Ansicht sehr bedeutend, sind kulturelle Aspekte. Diese waren in den beiden Alternativmodellen zum Lockdown, Südostasien und Schweden, prägend für das Vorgehen der jeweiligen Behörden. Interessanterweise haben zwei Studien in der Schweiz die unterschiedlichen Reaktionen der Bevölkerungen in den verschiedenen Sprachregionen (deutsche Schweiz vs. lateinische Schweiz) untersucht und sind zum gleichen Ergebnis gekommen [440, 441]. Demnach haben die Menschen im italienischsprachigen Kanton Tessin und in den französischsprachigen Kantonen in der Westschweiz ihr Verhalten früher und effektiver geändert als in der Deutschschweiz. Dies koinzidierte mit dem Infektionsgeschehen, das – vermutlich aufgrund der Nähe zu Italien und Frankreich – in der lateinischen Schweiz größer war. Die kulturellen Unterschiede waren zudem im weiteren Verlauf der Pandemie noch zu spüren, beispielsweise bei der Implementierung der Maskenpflicht in Geschäften. In der Deutschschweiz tat man sich damit erheblich schwerer.

Was ist von den Alternativmodellen außer der Bedeutung kultureller Merkmale für den globalen Norden generell zu lernen? Auffällig ist nach meiner Lesart ein Aspekt. In der politischen, medialen und wissenschaftlichen Diskussion um Alternativen zum Lockdown, wie er üblicherweise umgesetzt wurde, spielt das südostasiatische Modell so gut wie keine Rolle; es wird nur über Schweden gestritten. Dabei ist das Vorgehen in Südkorea und Taiwan sowohl hinsichtlich des Infektionsgeschehens als auch hinsichtlich der geringen Restriktionen insgesamt gesehen erfolgreicher als das Schwedische Modell, das mit einer relativ hohen Sterblichkeit assoziiert ist. Und selbst wenn man die besonderen kulturellen Bedingungen der Akzeptanz von Masken und der Bereitschaft zur technologischen Überwachung beiseitelässt, so beeindruckt in diesen Ländern doch die Pandemieplanung und Vorbereitung auf eine große Infektion, wie sie die Coronavirus-Pandemie darstellte.

Wenn man also Regierungen in Ländern des globalen Nordens einen wirklich berechtigten Vorwurf machen kann, dann der, dass sie die eigenen Prognosen und Szenarien nicht ernstgenommen und eine effektive Pandemiebekämpfung verhindert haben. Dieser Vorwurf aber ist kaum zu vernehmen gewesen, und er spielte vor allem bei der rechtskonservativen und rechtspopulistischen Lockdown-Skepsis überhaupt keine Rolle.

7. Der Lockdown – Nicht notwendig, aber unvermeidbar

Bei der Bekämpfung der Coronavirus-Pandemie hat es in vielen Ländern erhebliche Probleme auf politischer und administrativer Ebene gegeben. Im Nachhinein sind zahlreiche Versäumnisse und Fehleinschätzungen offenbar geworden, die mit dazu beigetragen haben, dass vermeidbare Infektionen und nachfolgende Sterbefälle passieren konnten. Richard Horton, Herausgeber der medizinischen Fachzeitschrift *The Lancet* und einer der prominentesten Kritiker der britischen Corona-Politik, hat diesbezüglich vom Covid-19-Management in vielen Länder als dem größten wissenschaftspolitischen Problem für eine gesamte Generation gesprochen [442]. Für ihn und andere Fachpersonen aus Medizin und Wissenschaft war der Lockdown zwingend notwendig. Entgegengesetzte Ansichten sind bereits in Kapitel 1 ausführlich beschrieben worden. Diese Ansichten sehen den Lockdown als eine überzogene Reaktion auf eine Epidemie, die nicht so gravierend war wie im wissenschaftlichen und politischen Mainstream (wieder: ohne Wertung) angenommen wurde. Der Lockdown habe Auswirkungen gehabt, die angesichts des geringen Risikos der Pandemie, unangemessene Schäden zur Folge hatte. Wie also ist die Frage nach der Notwendigkeit des Lockdowns nach den hier zuvor präsentierten Hintergründen, Dynamiken und Konsequenzen zu beantworten?

7.1 Der unvermeidbare Lockdown

Für eine angemessene Betrachtung von Maßnahmen der Pandemiebekämpfung schlage ich vor, zwischen ›notwendig‹ und ›unvermeidbar‹ zu unterscheiden. Notwendig ist eine Maßnahme unter allen Umständen ohne Ausnahme. Unvermeidbar ist sie, wenn die Situation es gebietet. Letztere wäre jedoch unter gewissen Umständen zu vermeiden gewesen.

Was sagt uns dies nun für die Fragestellung dieses Buchs? Eine Pandemie ist in zeitlicher und sachlicher Hinsicht ein extrem dynamisches Geschehen und wirkt sich in verschiedenen Bereichen der Gesellschaft unterschiedlich aus. Daher muss die Fragestellung nach der Notwendigkeit des Lockdowns präzisiert und konkretisiert werden. Zunächst ist zu fragen, aus welcher Perspektive dies zu betrachten ist. In den Kapiteln 4 und 5 sollte deutlich geworden sein, dass die Sichtweisen der verschiedenen Teilsysteme der Gesellschaft, aber auch der psychologischen Befindlichkeiten der Bevölkerung nicht notwendig identisch sind. Wenn etwas epidemiologisch geboten erscheint, erfolgt nicht eine automatische Übernahme im politischen System. Und angemessene politische Entscheidungen werden nicht notwendigerweise anderswo in der Gesellschaft gutgeheißen. Aus diesem Grund sind politische Systeme gerade zu Beginn einer Epidemie sehr verhalten in ihrer Reaktion – wodurch nicht selten viel Zeit verloren geht [443].

Sodann gilt es, die zeitliche Dimension zu betrachten. Welcher Zeitpunkt soll es sein, an dem idealerweise die Notwendigkeit bestimmt werden kann? Insbesondere Epidemien mit unbekannten Viren beginnen zumeist mit sehr unklaren epidemiologischen Parametern. Das heißt, es ist zu Beginn oft nicht klar, wie schnell sich die Infektion ausbreitet, welche Bevölkerungsgruppen primär betroffen sind und wie darauf reagiert werden sollte. Das führt zur nächsten Bedingung, nämlich zur Frage, welche Informationen wann zur Verfügung stehen, um über mögliche Restriktionen zu entscheiden. Die Informationslage wird erst im Verlauf der Epidemie besser, so dass gerade in den ersten Wochen und Monaten unsichere und auch widersprüchliche Informationen vorhanden sind. Des Weiteren sind die Ziele zu betrachten, die mit solchen Entscheidungen verbunden sind. Geht es um die Elimination der Infektion, um ihre Eindämmung oder um eine ›Durchseuchung‹? Und schließlich ist nach den zur Verfügung stehenden Alternativen zu fragen, wenn die Ziele gesetzt sind. Reichen Verhaltensempfehlungen aus oder braucht es tatsächlich rechtlich abgesicherte drastische Interventionen?

Vor dem Hintergrund dieser Fragen und den bisherigen Erkenntnissen soll im Folgenden die Implementation von Lockdown-Maßnahmen in den Ländern des globalen Nordens rekonstruiert werden. Es trafen, wie zuvor beschrieben, biologische, epidemiologische, psychologische sowie wissenschaftliche, mediale, wirtschaftliche und politische Dynamiken aufeinander. Schlussendlich musste politisch entschieden werden.

7. Der Lockdown – Nicht notwendig, aber unvermeidbar

Die *Ausgangslage* vor der Pandemie kann wie folgt beschrieben werden:

- Weder in den politischen Systemen, noch in anderen Teilen der Gesellschaft und in der Bevölkerung war offenbar eine adäquate Einschätzung des Risikopotenzials neuer und neu auftretender Epidemien vorhanden – mit Ausnahme einzelner Standpunkte im Wissenschaftssystem.
- Wenn diese adäquate Einschätzung vorhanden gewesen wäre, hätten angemessene Pandemieplanungen ausgearbeitet und umgesetzt werden müssen, was anerkanntermaßen kaum irgendwo im globalen Norden der Fall war.
- Während der Pandemieplanungen ist überwiegend mit einer Influenzainfektion gerechnet worden, selten jedoch mit einer Coronavirusinfektion [444].
- Im Wissenschaftssystem sind nicht-pharmakologische Maßnahmen wie der Lockdown ab den 2000er-Jahren als Standardantwort auf Epidemien und Pandemien propagiert worden.
- In der modernen Gesellschaft des 21. Jahrhunderts wird eine hohe Anzahl von Todesfällen wie während der Pandemien der 1950er- und 1960er-Jahre nicht mehr akzeptiert, sondern es wird ein Eingreifen des politischen Systems erwartet.

Als die neue Coronavirus-Pandemie zu einem internationalen Thema wurde, stellte sich dies für die politischen Systeme *zu Beginn der Ausbreitung in den meisten Ländern* des globalen Nordens folgendermaßen dar:

- Aufgrund der fehlenden angemessenen Pandemieplanung waren nicht genügend konzeptionelle, personelle und materielle Ressourcen für eine schnelle Pandemiebekämpfung vorhanden.
- Relevante epidemiologische Parameter wie das große Risiko für ältere Menschen und die Bedeutung der Superspreading-Situationen waren noch nicht bekannt oder wurden nicht entsprechend gewürdigt.
- Wie in »Ausbruchskulturen« [38] während unerwarteter Epidemien sehr oft zu beobachten ist, wurden die Risiken in vielen Ländern so lange wie möglich negiert und die angemessenen Maßnahmen wurden so lange wie möglich hinausgezögert.
- In den meisten politischen Systemen und ihren administrativen Organisationen herrschte eine maximale Unsicherheit bezüglich der Pandemiebekämpfung.

- Angesichts der bis zu dem Zeitpunkt in der Bevölkerung nicht bekannten Pandemiegefahr und angesichts des politischen Klimas in vielen Ländern konnten die Regierungen nicht darauf vertrauen, dass reine Verhaltensempfehlungen mit der gleichen Effektivität wie beim Lockdown umgesetzt wurden.
- Die Coronavirus-Pandemie und der Umgang damit waren die beherrschenden medialen Themen im Spätwinter und Frühjahr 2020.
- In der Bevölkerung herrschte nach längerer Ignoranz und Verneinung des Themas in psychologischer Hinsicht zunehmend Verängstigung und Unsicherheit; dies in Europa insbesondere nach den Entwicklungen in der italienischen Region Lombardei.
- Die wirtschaftlichen und weiteren psychosozialen Risiken eines Lockdowns wurden in der Bevölkerung und in den Medien zunehmend in Kauf genommen.
- Die Bevölkerung hatte vielerorts bereits unmittelbar vor dem Lockdown mit einer Verhaltensänderung auf die Infektionsgefahr reagiert.
- Aus dem Wissenschaftssystem wurde überwiegend die Option der Eindämmung der Infektion gegenüber der Herdenimmunität und der ›Durchseuchung‹ der Bevölkerung favorisiert.
- Die Behandlungskapazitäten in den jeweiligen Gesundheitssystemen wurden als nicht sicher ausreichend für eine Situation ohne Restriktionen betrachtet.
- Der chinesische Weg des Lockdowns mittels umfassender Quarantäne- und Isolationsmaßnahmen hatte sich hinsichtlich der Eindämmung der Infektion als erfolgreich erwiesen.

Der Lockdown wäre demnach unter drei Bedingungen vermeidbar gewesen: a) wenn die Staaten dem in Kapitel 2 beschriebenen Schema der Hinnahme von Todesfällen wie in den 1950er- oder 1960er-Jahren gefolgt wären; b) wenn die Pandemieplanung so ausgereift und umgesetzt worden wäre, dass die staatlichen Stellen über genügend Ressourcen verfügt hätten, die ein Eindämmen der Infektion lediglich durch Restriktionen für einige wenige infizierte Personen und deren Kontakte ermöglicht hätte; c) wenn sich Regierungen und Bevölkerungen soweit vertraut hätten, dass Verhaltensempfehlungen allein ausgereicht hätten, um die Virusausbreitung wirksam zu unterbrechen. Diese Bedingungen trafen – bis auf wenige Ausnahmen – nicht zu.

Zusammenfassend kommt diese Analyse daher zu dem Schluss, dass der Lockdown zwar nicht zwingend notwendig, aber aufgrund der verschiedenen Dynamiken und Unterlassungen in der Pandemieplanung unvermeidbar gewesen ist. Die Erwartung in der Bevölkerung, die wissenschaftlichen Empfehlungen und der Handlungsdruck in der Politik ließen nur wenig Spielraum zu. Im Kern wurde der Lockdown in den meisten Ländern des globalen Nordens implementiert, weil die Vorbereitung insuffizient war, weil die Gesundheitssysteme als nicht belastbar wahrgenommen wurden, weil die Regierungen nicht darauf vertrauten, dass die Bevölkerung sich an Verhaltensempfehlungen hielt und weil China und andere Länder gezeigt hatten, dass die Lockdown-Strategie im Sinne der Infektionsreduktion erfolgreich war.

Es gab in den Ländern des globalen Nordens neben der Lockdown-Strategie effektiv nur zwei weitere umgesetzte Optionen, nämlich das auf Verhaltensempfehlungen basierende ›Schwedische Modell‹ und die Test- und Nachverfolgungsstrategie in Teilen Südostasiens. In Anbetracht der oben skizzierten Ausgangslage und der Situation zu Beginn der Pandemie werden beide Optionen hier als so gut wie nicht übertragbar auf andere Länder und Regionen bewertet. Das ›Schwedische Modell‹ wäre in vielen Ländern – wie unten noch ausführlicher beschrieben wird – aufgrund des fehlenden Vertrauens zwischen Regierungen und Bevölkerung gescheitert. Die andere tatsächlich umgesetzte Alternative zum Lockdown während der Coronavirus-Pandemie war eine umfassende technologische Überwachung, ein sehr frühes Eingreifen mit Grenzschließungen und anschließender Testung und Kontaktnachverfolgung. Dies erfolgte aber nur in Teilen Südostasiens, wo offenbar ein kulturelles Gedächtnis von früheren Epidemien vorhanden war und entsprechende Pandemieplanungen nicht nur ausgearbeitet, sondern auch umgesetzt wurden. Zudem wären die Eingriffe in die persönlichen Freiheiten in Ländern mit einer eher individualistischen Ausrichtung der Gesellschaft nicht akzeptiert worden.

Angesichts dieser Sachlage revidierte auch der bereits mehrfach angesprochene und dem Lockdown anfänglich sehr kritisch gegenüberstehende Epidemiologe John Ioannidis in einem Interview aus dem Juli 2020 seine Einschätzung: »Im Februar haben wir das Zeitfenster verpasst, in dem wir das neue Coronavirus im Keim hätten ersticken können. Hätten wir früher mit aggressiver Testung, Kontaktnachverfolgung und Isolation gehandelt, so wie in Südkorea, Taiwan oder Singapur, hätte sich das Virus nicht derart wild ausbreiten können. Die wichtigste Lektion aus der Pandemie ist, dass die Kosten durch eine verzögerte Kontrolle der Infektion beträchtlich sein können. Handle frühzeitig oder bereue es später. Als wir diese Gelegenheit verpasst haben, war der Lockdown unvermeidbar (›inevitable‹). Ich sage ›unvermeidbar‹ mit einem gewissen Widerwillen, weil ich denke, dass es nicht dazu hätte kommen sollen.« [445]

Die Unvermeidbarkeit aus Sicht des politischen Systems wurde dann im Laufe des Frühjahrs 2020 durch das ›Herdenverhalten‹ der Staaten des globalen Nordens verstärkt – alle anderen Staaten haben mit wenigen Ausnahmen ähnlich agiert, daher konnte der eingeschlagene Weg aus der Perspektive des einzelnen politischen Systems nicht so ganz falsch sein. Es entstand hinsichtlich des Lockdowns eine gewisse Eigendynamik, der sich nicht viele Regierungen entziehen konnten.

7.2 Wie stichhaltig sind die Argumente der Lockdown-Skepsis?

Wie schon in Kapitel 1 beschrieben, hat sich im globalen Norden in Teilen der Medien und der Politik eine Lockdown-Skepsis entwickelt, welche die sozialen Restriktionen als nicht angemessen bewertet. Die Argumente gegen den Lockdown basieren auf verschiedenen Annahmen, die im folgenden Abschnitt auf der Basis der bis hierher entwickelten Erkenntnisse bewertet werden sollen. Die Annahmen drehen sich im Kern um den Aspekt der Gefährlichkeit des Coronavirus, um den Zeitpunkt der Einführung des Lockdowns und um die Folgen des Lockdowns.

Argument 1: Die Sterblichkeit durch das Coronavirus entspricht der saisonalen Influenza. [446]

Die Sterblichkeit durch und mit dem Coronavirus liegt nach den hier referierten Studien bis zu 6mal höher als bei der saisonalen Influenza. Gemäß einer bereits in Kapitel 3 zitierten Meta-Analyse ist die Infektions-Sterblichkeit bei 0,68 Prozent [194], während die Influenza-Sterblichkeit bei circa 0,1 bis 0,2 Prozent liegt. Zudem legt die relativ hohe Übersterblichkeit in vielen Ländern in den ersten Monaten der Pandemie nahe, dass gegenüber den Saisons mit einer Virusgrippe die Coronavirus-Pandemie deutlich mehr Menschenleben gefordert hat. Daher wird das Argument 1 für nicht stichhaltig betrachtet.

Argument 2: Der Lockdown war überflüssig, weil die Infektionsparameter bereits vor der formalen Einführung der Restriktionen gesunken waren. [447]

Die Beobachtung, dass relevante epidemiologische Parameter wie die Reproduktionszahl bereits vor der rechtlichen Einführung der Restriktionen in den beabsichtigten statistischen Größen befanden, stimmt für viele Länder. Die

Schlussfolgerung jedoch, dass der Lockdown überflüssig war, ist damit nicht zwingend. Zum einen werden individuelle Verhaltensanpassungen neben der Sorge vor der Infektion auch vor dem Hintergrund der bereits angekündigten Maßnahmen erfolgt sein. Und zum zweiten hat der Lockdown für die Verstetigung der Verhaltensanpassungen bzw. für die Verhinderung einer schnellen Aufgabe der Verhaltensanpassungen gesorgt. Die Ereignisse aus Ländern wie Israel oder aus einzelnen Bundesstaaten der USA haben während des Sommers 2020 gezeigt, dass ein schnelles Herunterfahren der Restriktionen absehbar zu einem neuen Infektionsausbruch führt [448]. Somit wird die Beobachtung bestätigt, die Schlussfolgerung jedoch nicht geteilt.

Argument 3: Der Lockdown hat erhebliche wirtschaftliche, medizinische und psychosoziale Folgeschäden verursacht, die schlimmer sind als die Pandemie-Folgen. [449]
Ohne Zweifel haben die Pandemie und der Lockdown wirtschaftliche, medizinische und psychosoziale Konsequenzen gehabt. Während diese Schäden zu Beginn der Pandemie überwiegend dem Lockdown zugeschrieben worden sind, wurde der Beitrag des Lockdowns in neueren Studien relativiert (siehe ausführlich in Kapitel 6). Wie gerade im Zusammenhang mit Argument 2 beschrieben, haben individuelle Verhaltensanpassungen einen großen Einfluss sowohl auf den Rückgang der Infektionen und damit zugleich auch auf ökonomische Parameter gehabt. Wenn Sozialkontakte aus Sorge vor Ansteckung gemieden wurden, hatte dies notwendigerweise Folgen für die Wirtschaft. Ähnlich verhielt es sich bei der Inanspruchnahme medizinischer Leistungen. Medizinische Dienstleistungen waren zwar in Teilen reduziert oder geschlossen worden, jedoch wurden diese auch seltener aufgesucht als dies wieder möglich war. Eine, wenn man so will, Ironie der Diskussion um die Notwendigkeit des Lockdowns liegt möglicherweise darin, dass der Lockdown als solcher möglicherweise weniger relevant ist als allgemein angenommen wurde.

Bezüglich der psychosozialen Auswirkungen ist es im Sommer 2020 vermutlich noch zu früh, die Folgen und deren spezifischen Ursachen zu benennen. Diese werden wesentlich vom weiteren Verlauf der Pandemie und von der wirtschaftlichen Erholung abhängen. Die während der ersten Wochen und Monate der Pandemie berichteten vermehrt aufgetretenen psychischen Probleme sind vermutlich größtenteils akute Belastungsreaktionen, die bei Lockerung der Restriktionen und abnehmender Infektionsgefahr wieder geringer wurden. Zudem wird das Ausmaß der psychischen Probleme wahrscheinlich mit der Rigidität (z.B. Ausgangssperren) und der Länge der Restriktionen zusammenhängen [450]. Daher gilt sowohl für die psychosozialen wie auch für die ökonomischen Konsequenzen, dass eine rasche Eindämmung der Infektion die Voraussetzung für eine Minimierung der möglichen Schäden zu sein scheint.

Ein grundsätzliches Problem bei dem Argument, der Lockdown habe gravierendere Auswirkungen als die Pandemie, ist die Stoßrichtung, die sich zumeist auf ein Land bzw. gegen Maßnahmen einer Regierung richtet. Es wird damit unterstellt, die wirtschaftliche Entwicklung in der Schweiz oder in Deutschland (um Beispiele zu nennen) wäre grundsätzlich besser verlaufen, wenn diese Maßnahmen nicht getroffen worden wären. Dies ist aber, wie nachfolgend am Beispiel Schwedens noch verdeutlicht wird, nicht bzw. nur in einem geringen Maße der Fall. Neben den individuellen Verhaltensänderungen vieler Menschen ist vor allem auch die globale wirtschaftliche Verflechtung und damit die Unterbrechung von Lieferketten, Restriktionen im Reise- und Tourismusbereich sowie einer ausbleibenden Nachfrage aus Abnahmeregionen hier in Rechnung zu stellen. Geringere Restriktionen in nur einem Land hätten hier kaum die unterstellten ökonomischen Wirkungen gehabt. Darüber hinaus ist die globale ökonomische Situation zu betrachten, die sich bereits vor der Pandemie zum Negativen entwickelt hatte. Die Handelskonflikte und der Brexit, um nur zwei Aspekte zu nennen, tragen zur wirtschaftlichen Lage zwar nicht in dem Ausmaß wie die Pandemie bei, sind aber bezüglich der Erholung nicht hilfreich. Insgesamt bestehen bei diesem Argument erhebliche Zweifel an der Stichhaltigkeit.

Argument 4: Das ›Schwedische Modell‹ hätte auf andere Länder übertragen werden sollen. [48]
In Schweden sind während der ersten Monate der Pandemie deutlich weniger restriktive Maßnahmen zur Eindämmung der Coronavirus-Infektion getroffen worden. Von Beginn an wurde von den Gesundheitsbehörden betont, man wolle einen Lockdown vermeiden. Entsprechend sind nur geringfügige Schließungen, etwa der Universitäten, verfügt worden. Allerdings sind Verhaltensempfehlungen ausgesprochen worden und die Mobilität der Bevölkerung ist deutlich zurückgegangen, wenngleich auch nicht in dem Ausmaß wie in den Ländern mit verschärfteren Restriktionen.

Ob der Verzicht auf den Lockdown wesentlich zur relativ hohen Sterblichkeit in Schweden beigetragen hat, dies ist wissenschaftlich umstritten. Obschon die Anzahl der Todesfälle aufgrund oder mit Covid-19 bis Anfang September 2020 nicht so hoch ist wie in anderen europäischen Ländern (z.B. Spanien oder Großbritannien), sind doch deutlich mehr Menschen in Schweden gestorben als in den skandinavischen Nachbarländern. Die Nachbarn eignen sich zum Vergleich besser als andere Länder, da sie eine ähnliche Bevölkerungsdichte aufweisen und über ähnliche Sozial- und Gesundheitssysteme verfügen. Bezüglich der ökonomischen Folgen sind diese in Schweden etwas weniger gravierend ausgefallen als in den Nachbarländern, was aber beispielsweise die zu erwartende Arbeitslosigkeit nicht betrifft, die ähnlich hoch prognostiziert wird wie in vergleichbaren Regionen.

Bereits an anderer Stelle (Kapitel 5) wurde die absurde Favorisierung des ›Schwedischen Modells‹ durch rechtskonservative und rechtspopulistische Positionen angesprochen. Das – nicht immer unumstrittene – Modell basierte auf einem relativ großen Vertrauen der Bevölkerung in die Gesundheitsadministration und in die Gesundheitspolitik der Regierung [451]. Dieser Umstand hätte einer Übertragung des Modells in andere Länder zumeist entgegengestanden. Gerade in Ländern, die eine Politisierung der Coronavirus-Pandemie und der Reaktionen darauf gezeigt haben, wären Verhaltensempfehlungen kaum unstrittig gewesen, da das Vertrauen nicht entsprechend vorhanden war. Es ist zu vermuten, dass gerade diejenigen, die das ›Schwedische Modell‹ eingefordert haben, die ersten gewesen wären, die es bekämpft hätten. »Das große Nein«, das der Soziologe Armin Nassehi in Protestkulturen moderner Gesellschaften ausgemacht hat [452], hätte sehr wahrscheinlich auch weniger restriktiven Maßnahmen gegolten. Aus all diesen Gründen ist es höchst zweifelhaft, ob es zielführend oder auch nur möglich gewesen wäre, das ›Schwedische Modell‹ auf andere Länder zu übertragen.

Argument 5: Wenn man nur Ältere und Menschen mit Vorerkrankungen und Behinderungen geschützt hätte, wäre ein allgemeiner Lockdown überflüssig gewesen. [8]
Diesem Argument ist kaum zu widersprechen, außer, dass es praktisch kaum möglich war und ethisch höchst problematisch gewesen wäre. Angesichts der hohen Sterblichkeit im Zusammenhang mit Covid-19 in Pflegeeinrichtungen, die über lange Zeit aufgrund unzureichender Schutzausrüstung, mangelnder Ausbildung und schlechter Bezahlung der Pflegenden eben nicht in der Lage waren, geschützt zu werden, klingt es ein wenig zynisch, genau dies als Voraussetzung für weniger Restriktionen zu fordern. Darüber hinaus sind die im Verlauf der Pandemie erfolgten Isolationsmaßnahmen für viele Betroffene sehr nachteilig gewesen. Dies trifft vor allem für Menschen mit Demenz und anderen Formen kognitiver Behinderungen zu, die kaum in der Lage waren, zu verstehen, warum sie ihre Angehörigen nicht mehr sehen

konnten. Nicht zuletzt aus diesem Grund haben sich Fachpersonen aus Ethik und Pflege – unter anderem in der Schweiz [453] – gegen diese Restriktionen positioniert.

Noch schwieriger als für Menschen in Einrichtungen wäre diese Forderung für Ältere und Menschen mit Vorerkrankungen umsetzbar gewesen, die in der eigenen Wohnung leben. Wie hätten die Grenzen definiert werden sollen? Hätten alle Menschen ab einem Lebensalter von 60, 65 oder 70 Jahren das Haus nicht mehr verlassen dürfen? Und was hätte für jüngere Risikogruppen mit Übergewicht oder Diabetes gegolten? Für welchen Zeitraum hätte dies geschehen sollen? Wie hätte man die Versorgung sichergestellt? Und wie hätte man dies alles kontrollieren sollen? Zudem wäre verfassungs- und grundrechtlichen Bedenken vermutlich von den Gerichten relativ schnell stattgegeben worden. Das gesamte Argument ist nicht stichhaltig.

7.3 Wie können Lockdown-Maßnahmen während zukünftiger Pandemien vermieden werden?

Im Nachhinein – und die Feststellung dieses Zeitpunkts muss immer betont werden – stellt sich die Tatsache der unzureichenden Vorbereitung auf ein Gesundheitsereignis von der Größe der Coronavirus-Pandemie als zentraler Fehler in den Ländern des globalen Nordens heraus. Es gab lediglich einige wenige Staaten in Asien, welche hier besser aufgestellt waren [45]. Wenn Regierungen also ein großer Vorwurf gemacht werden kann, dann der, dass die eigenen Prognosen und Szenarien für globale Gesundheitsrisiken in der Regel nicht ernst genommen worden sind – man denke etwa an die in Kapitel 5 bereits zitierten deutschen Szenarien zu einem Coronavirus-Ausbruch aus dem Jahre 2012 [339]. Stattdessen fokussierten die Gesundheitsadministrationen weiter auf Influenzaepidemien, wenn es um Vorbereitung ging. Aber selbst hier wurden die notwendigen Schritte, beispielsweise in der Anschaffung einer Reserve für Schutzkleidung, nicht umgesetzt.

Welche Lehren sind aus der Pandemie und den bisher erfolgten Interventionen zur Bekämpfung zu ziehen? Zunächst braucht es einen veränderten Umgang mit den Erfahrungen in der Vergangenheit. In diesem Buch wurde mehrfach auf Fehleinschätzungen bezüglich zukünftiger Ereignisse hingewiesen, die auf historischen Erfahrungen beruhen. Historische Erfahrungen können zwar allgemeine Hintergründe liefern, nicht aber die konkrete Gefahrenabwehr bei Ereignissen wie der Coronavirus-Pandemie leiten. Das erkenntnistheoretische Problem der Epidemie oder Pandemie als ein im Prinzip singuläres Ereignis muss anerkannt werden. Wenn dies nicht geschieht, dann ist für die Ereignisse kommender Jahre zu befürchten, dass für längere Zeit mit Ereignissen mit dem gleichen Ausmaß der Coronavirus-Pandemie gerechnet wird. Um ähnliche Entwicklungen und die katastrophalen Folgen in gesundheitlicher und ökonomischer Hinsicht zu vermeiden, wird dann vermutlich alles getan, damit die Ereignisse des Jahres 2020 sich nicht wiederholen – selbst, wenn dies bedeutet, vollkommen über die Notwendigkeiten hinaus zu reagieren.

Um mit der Singularität von Epidemien besser umgehen zu können, scheint die wichtigste Erkenntnis für die Prävention demnach die Notwendigkeit einer unspezifischen Vorbereitung auf derartige Großrisiken zu sein. In einer vor der Pandemie erstellten Analyse hat der US-amerikanische Soziologe Andrew Lakoff vorgeschlagen, zwischen einer Gefahrenanalyse im Sinne von ›Risk Assessment‹ und einer allgemeinen Gefahrenvorsorge im Sinne von ›Preparedness‹ zu unterscheiden [37: 18ff.]. Die Annahme, dass die nächste Pandemie eine Influenza sein werde, ist auch dem *Risk Assessment* geschuldet. Es hatte in der jüngeren Vergangenheit eine Reihe von Epidemien gegeben, man denke etwa an die Vogelgrippen und an die Schweinegrippe. Daher lag es nahe, im Sinne einer Gefahrenanalyse unter Aspekten der Wahrscheinlichkeit von einer weiteren Influenza auszugehen. Doch Wahrscheinlichkeiten helfen bei Epidemien nicht allzu viel weiter. Die Vorbereitung auf zukünftige Ereignisse braucht eher eine Gefahrenvorsorge als eine Gefahrenanalyse. Bei einer allgemeinen Gefahrenvorsorge, so Lakoff, muss die Annahme getroffen werden, dass derartige Ereignisse unvorhersehbar sind, aber gleichwohl potenziell katastrophale Ausmaße annehmen können. Daher können zwar die Wahrscheinlichkeiten des Eintretens nicht abgeschätzt werden, die möglichen Folgen aber dennoch durchgespielt werden.

Daraus folgen zwei Maßnahmen für die Vorsorge: erstens braucht es unspezifische Ressourcen und Kapazitäten, um mit diesen Folgen umgehen zu können, und zweitens müssen auch für überraschende Ereignisse Alarmmechanismen etabliert werden. In diesem Zusammenhang gilt es, die Bevölkerung zu informieren und entsprechend mitzunehmen, um zu verdeutlichen, dass die Bereitschaft zur Bekämpfung einer Gefahr wie der Pandemie zentral von der Mitwirkung der Individuen abhängt. Die große Herausforderung bei einer solchen Strategie besteht darin, Ressourcen für ein Ereignis bereitzustellen und aufrechtzuerhalten, von dem man nicht weiß, ob und in welchem Ausmaß es eintreffen wird. Dies gilt nicht nur für personelle Ressourcen für die mögliche Überwachung und Kontaktnachverfolgung, sondern auch für den Aufbau entsprechender Reserven in der Gesundheitsversorgung, die in früheren Jahrzehnten unter Kostendruck deutlich reduziert worden waren.

Ein veränderter Umgang mit Pandemien und anderen großen Schadensereignissen ist eine Lehre aus den Erfahrungen des Frühjahrs 2020. Ein weiterer notwendiger Schritt ist der Versuch, die Risiken der Übertragung von Infektionen aus dem Tierreich auf den Menschen zu verringern – es gilt, die Krankheit Y zu vermeiden. Das Potenzial für Viren, die auf den Menschen übertragen werden, ist immens. Allein im 20. Jahrhundert sind über 200 Erreger identifiziert worden, die Zoonosen auslösen können [454]. Und wir wissen bereits wenige Monate nach dem Ausbruch der Coronavirus-Infektion, dass die genetischen Vorläufer des neuen Virus mehrere Jahrzehnte im Tierreich zirkulierten [455].

Ein wesentlicher Übertragungsmotor ist der zunehmende Kontakt zwischen Menschen und Wildtieren sowie domestizierten Tieren. Diese werden heute mehr gejagt, gehandelt und transportiert als je zuvor. Zudem werden die Lebensräume vieler Tiere zunehmend eingeschränkt durch die Ausweitung von menschlichen Siedlungen und Transportwegen sowie großflächigen Rodungen. Zur Prävention der Übertragung von Infektionen auf den Menschen bedarf es daher zahlreicher Interventionen, die von einer Reduktion der Rodungen über die Adressierung kultureller Aspekte des Haltens und des Handelns von Wildtieren bis hin zu einer besseren Überwachung und Früherkennung neu auftretender Infektionen reichen [456]. Dies alles braucht natürlich eine intensive internationale Kooperation in den Bereichen Politik, Wirtschaft und Wissenschaft. Es bleibt daher zu hoffen, dass die Lehren, die man aus Krankheit X für die Prävention von Krankheit Y ziehen kann, auch tatsächlich gezogen und umgesetzt werden.

Literatur

Die Zeitschriftentitel sind fast ausschließlich abgekürzt wie es den Zitations-Konventionen in der medizinischen Literatur entspricht. Beispiel: Das »Am J Epidemiol« ist das »American Journal of Epidemiology«. Soweit möglich wurden Internet-Adressen (URL) und/oder digitale Objektbezeichner (DOI) zur besseren Auffindbarkeit der Quellen hinzugefügt.

1. Osterholm M. Prepared Statement of Michael T. Osterholm, MD, Director, Center for Infectious Disease Research and Policy. In: US Government, Hg. Avian Flu: Addressing the Global Threat Hearing Before the Comittee on International Relations, House of Representatives, One Hundred Ninth Congress, First Session December 7, 2005, Serial No 109-137; 2005: 70-74
2. WHO. 2018 Annual review of diseases prioritized under the Research and Development Blueprint. 2018. http://origin.who.int/entity/emergencies/diseases/2018prioritization-report.pdf. Zugriff: 04-07-2020
3. Poole S. From barges to barricades: the changing meaning of ›lockdown‹. 2020. https://www.theguardian.com/books/2020/apr/02/changing-meaning-of-lockdown. Zugriff: 15-07-2020
4. Ferguson NM, Cummings DA, Fraser C et al. Strategies for mitigating an influenza pandemic. Nature 2006; 442: 448-452. doi:10.1038/nature04795
5. Hershbein B, Kahn LB. Do Recessions Accelerate Routine-Biased Technological Change? Evidence from Vacancy Postings. Am Econ Rev 2018; 108: 1737-1772
6. Schmillen A, Umkehrer M. The scars of youth: Effects of early-career unemployment on future unemployment experience. Int Labour Rev 2017; 156: 465-494. doi:10.1111/ilr.12079
7. Richter D, Zürcher S. Psychiatrische Versorgung während der COVID-19-Pandemie. Psychiatrische Praxis 2020; 47: 173-175. doi:10.1055/a-1157-8508
8. Melnick ER, Ioannidis JPA. Should governments continue lockdown to slow the spread of covid-19? BMJ 2020; 369: m1924. doi:10.1136/bmj.m1924

9. Kushner Gadarian S, Goodman SW, Pepinsky TB. Partisanship, health behavior, and policy attitudes in the early stages of the COVID-19 pandemic. 2020. https://papers.ssrn.com/sol3/papers.cfm?abstract_id=3562796#. Zugriff: 28-05-2020
10. Simon J. Das Virus, ihre Leidenschaft. Zeit-Magazin; 27/2020: 30-37
11. Singer P, Plant M. When Will the Pandemic Cure Be Worse Than the Disease? 2020. https://www.project-syndicate.org/commentary/when-will-lockdowns-be-worse-than-covid19-by-peter-singer-and-michael-plant-2020-04. Zugriff: 05-06-2020
12. Dehning J, Zierenberg J, Spitzner FP et al. Inferring change points in the spread of COVID-19 reveals the effectiveness of interventions. Science 2020. doi:10.1126/science.abb9789. doi:10.1126/science.abb9789
13. McDonough T. Was the UK coronavirus lockdown necessary? 2020. https://lbndaily.co.uk/uk-coronavirus-lockdown-necessary/. Zugriff: 17-08-2020
14. Kuhbandner C, Homburg S, Walach H et al. Was Germany's Corona Lockdown Necessary? 2020. https://advance.sagepub.com/articles/Comment_on_Dehning_et_al_Science_15_May_2020_eabb9789_Inferring_change_points_in_the_spread_of_COVID-19_reveals_the_effectiveness_of_interventions_/12362645/3. Zugriff: 30-06-2020
15. Lockdown Sceptics. Lockdown Sceptics – Stay sceptical. End the lockdown. Save lives. 2020. https://lockdownsceptics.org/. Zugriff: 18-08-2020
16. Andrews P. The five biggest coronavirus myths BUSTED! Exposing the fear mongering, propaganda and outright lies that are plaguing the world 2020. https://www.rt.com/op-ed/498007-covid-19-myths-lies-exposed/. Zugriff: 18-08-2020
17. Lowry R. The Absurd Case Against the Coronavirus Lockdown. 2020. https://www.politico.com/news/magazine/2020/04/15/the-absurd-case-against-the-coronavirus-lockdown-189265. Zugriff: 18-08-2020
18. Nassehi A. Die letzte Stunde der Wahrheit – Kritik der komplexitätsvergessenen Vernunft. Hamburg: Murmann; 2017
19. Thorp HH. Cautious optimism. Science 2020; 369: 483-483. doi:10.1126/science.abe0359
20. Homburg S. Effectiveness of Corona Lockdowns: Evidence for a Number of Countries. The Economists' Voice 2020; 1. doi:10.1515/ev-2020-0010
21. Abouk R, Heydari B. The Immediate Effect of COVID-19 Policies on Social Distancing Behavior in the United States. 2020. medRxiv. doi:10.1101/2020.04.07.20057356. https://www.medrxiv.org/content/medrxiv/early/2020/04/28/2020.04.07.20057356.full.pdf

22. Vinceti M, Filippini T, Rothman KJ et al. Lockdown timing and efficacy in controlling COVID-19 using mobile phone tracking. EClinicalMedicine 2020. 100457
23. Duxbury C. Sweden won't dodge economic hit despite COVID-19 light touch. 2020. https://www.politico.eu/article/swedens-cant-escape-economic-hit-with-covid-19-light-touch/. Zugriff: 16-07-2020
24. Juranek S, Paetzold J, Winner H et al. Labor market effects of COVID-19 in Sweden and its neighbors: Evidence from novel administrative data. 2020. NHH Dept of Business and Management Science Discussion Paper. 2020/8.
25. OECD. OECD Economic Outlook. Paris. OECD Publishing. 2020. 107. doi:10.1787/0d1d1e2e-en.
26. Schulson M. On COVID-19, a Respected Science Watchdog Raises Eyebrows. 2020. https://www.medscape.com/viewarticle/929920. Zugriff: 28-05-2020
27. Ioannidis JPA. Coronavirus disease 2019: The harms of exaggerated information and non-evidence-based measures. Eur J Clin Invest 2020; 50: e13222. doi:10.1111/eci.13222
28. Ioannidis JPA. A fiasco in the making? As the coronavirus pandemic takes hold, we are making decisions without reliable data. 2020. https://www.statnews.com/2020/03/17/a-fiasco-in-the-making-as-the-coronavirus-pandemic-takes-hold-we-are-making-decisions-without-reliable-data/. Zugriff: 06-06-2020
29. Lu D. There Has Been an Increase in Other Causes of Deaths, Not Just Coronvirus. 2020. https://nyti.ms/2ZYoGiT. Zugriff: 06-06-2020
30. Stadler BM. Corona-Aufarbeitung: Warum alle falsch lagen. 2020. https://www.achgut.com/artikel/corona_aufarbeitung_warum_alle_falsch_lagen. Zugriff: 27-07-2020
31. Juni P, Rothenbuhler M, Bobos P et al. Impact of climate and public health interventions on the COVID-19 pandemic: a prospective cohort study. CMAJ 2020; 192: E566-E573. doi:10.1503/cmaj.200920
32. Honigsbaum M. The Pandemic Century – One Hundred Years of Panic, Hysteria, and Hubris. New York: Norton; 2020
33. Heffernan M. Uncharted: How to Map the Future Together. London: Simon and Schuster; 2020
34. Rosling H. Factfulness. London: Sceptre; 2018
35. Garrett L. Ebola's Lessons: How the WHO Mishandled the Crisis. Foreign Affairs 2015; 94: 80-107

36. Kucharski A. The Rules of Contagion: Why Things Spread – and Why They Stop. London: Profile Books; 2020
37. Lakoff A. Unprepared: Global Health in a Time of Emergency. Oakland, CA: University of California Press; 2017
38. Sabeti P, Salahi S. Outbreak Culture: The Ebola Crisis and the Next Epidemic. Cambridge, Mass.: Harvard University Press; 2018
39. Yong E. America Is Trapped in a Pandemic Spiral. 2020. https://www.theatlantic.com/health/archive/2020/09/pandemic-intuition-nightmare-spiral-winter/616204/. Zugriff: 09-09-2020
40. Fowler A. Curing Coronavirus Isn't a Job for Social Scientists. 2020. https://www.bloomberg.com/opinion/articles/2020-05-02/crises-like-coronavirus-are-bad-forsocial-sciences. Zugriff: 25-05-2020
41. Pesca M. »We Should Absolutely Expect More Pandemics«. The Atlantic's Ed Yong on what we need to learn from the coronavirus to prepare for the next global health crisis. 2020. https://slate.com/news-and-politics/2020/08/coronavirus-pandemic-failures-lessons-ed-yong.html. Zugriff: 17-08-2020
42. Giesecke J. Modern Infectious Disease Epidemiology. 3. Aufl. Boca Raton, FL: CRC Press; 2017
43. Riou J, Althaus CL. Pattern of early human-to-human transmission of Wuhan 2019 novel coronavirus (2019-nCoV), December 2019 to January 2020. Euro Surveill 2020; 25. doi:10.2807/1560-7917.ES.2020.25.4.2000058
44. Bühler S, Burri A, Hossli P et al. Der Koch, sein Chef und das Virus: Hat der Bundesrat in der Krise auf die richtigen Experten gehört? Hat die Schweiz zu spät und zu heftig reagiert? Die Corona-Krise in fünf Episoden. 2020. https://nzzas.nzz.ch/hintergrund/corona-in-der-schweiz-wie-der-bundesrat-die-krise-bewaeltigte-ld.1560010. Zugriff: 08-06-2020
45. Shokoohi M, Osooli M, Stranges S. COVID-19 pandemic: what can the West learn from the East. Int J Health Policy Manag 2020. doi:10.34172/ijhpm.2020.85. doi:10.34172/ijhpm.2020.85
46. Pierre J. Nudges against pandemics: Sweden's COVID-19 containment strategy in perspective. Policy and Society 2020; 39: 478-493
47. Nguyen T. Conservative Americans see coronavirus hope in progressive Sweden 2020. https://www.politico.eu/article/conservative-americans-see-coronavirus-hope-in-progressive-sweden/. Zugriff: 29-07-2020

48. Hannan D. If Sweden succeeds, lockdowns will all have been for nothing 2020. https://www.telegraph.co.uk/news/2020/04/25/sweden-succeeds-lockdownswill-have-nothing/. Zugriff: 29-07-2020
49. Morton T. Hyperobjects – Philosophy and Ecology after the End of the World. Minneapolis: University of Minnesota Press; 2013
50. Brainard J. Scientists are drowning in COVID-19 papers. Can new tools keep them afloat? 2020. https://www.sciencemag.org/news/2020/05/scientists-are-drowning-covid-19-papers-can-newtools-keep-them-afloat#. Zugriff: 18-05-2020
51. Schneider L. Would Lancet and NEJM retractions happen if not for COVID-19 and chloroquine? 2020. https://forbetterscience.com/2020/06/05/would-lancet-and-nejm-retractions-happen-if-not-for-covid-19-and-chloroquine/. Zugriff: ›7-06-2020
52. The Atlantic. The COVID Tracking Project. 2020. https://covidtracking.com/. Zugriff: 07-06-2020
53. Attenborough F. The 1957-58 Asian Flu Pandemic: Why Did the UK Respond So Differently? 2020. https://lockdownsceptics.org/from-stoicism-to-hysteria-uk-pandemic-responses-a-historical-context/. Zugriff: 12-07-2020
54. Hunter DJ. Covid-19 and the Stiff Upper Lip – The Pandemic Response in the United Kingdom. N Engl J Med 2020; 382: e31. doi:10.1056/NEJMp2005755
55. Fund J. The Forgotten Hong Kong Flu Pandemic of 1968 Has Lessons for Today. 2020. https://www.nationalreview.com/2020/04/coronavirus-crisis-lessons-1968-hong-kong-flu-pandemic/. Zugriff: 12-07-2020
56. Wikipedia. Liste von Epidemien und Pandemien. 2020. https://de.wikipedia.org/wiki/Liste_von_Epidemien_und_Pandemien. Zugriff: 10-07-2020
57. Bloom DE, Cadarette D. Infectious Disease Threats in the Twenty-First Century: Strengthening the Global Response. Front Immunol 2019; 10: 549. doi:10.3389/fimmu.2019.00549
58. Smith KF, Goldberg M, Rosenthal S et al. Global rise in human infectious disease outbreaks. J R Soc Interface 2014; 11: 20140950. doi:10.1098/rsif.2014.0950
59. Snowden FM. Epidemics and Society: From the Black Death to the Present. New Haven: Yale University Press; 2019
60. Richter D. Die Form Nation. Wiesbaden: Westdeutscher Verlag; 1996

61. SWR. 30.000 Todesfälle: So wurde 1957 über die Asiatische Grippe berichtet. 2020. https://www.swr.de/swr2/wissen/30000-todesfaelle-so-wurde-1957-ueber-die-asiatische-grippe-berichtet-100.html. Zugriff: 10-07-2020
62. Wehler H-U. Deutsche Gesellschaftsgeschichte: Fünfter Band, 1949-1990. München: Beck; 2008
63. Kaelble H. Sozialgeschichte Europas: 1945 bis zur Gegenwart. München: Beck; 2007
64. Henderson DA, Courtney B, Inglesby TV et al. Public health and medical responses to the 1957-58 influenza pandemic. Biosecur Bioterror 2009; 7: 265-273. doi:10.1089/bsp.2009.0729
65. Jackson C. History lessons: the Asian flu pandemic. Br J Gen Pract 2009; 59: 622-623. doi:10.3399/bjgp09X453882
66. Simonsen L, Clarke MJ, Schonberger LB et al. Pandemic versus epidemic influenza mortality: a pattern of changing age distribution. J Infect Dis 1998; 178: 53-60. doi:10.1086/515616
67. Saunders-Hastings PR, Krewski D. Reviewing the History of Pandemic Influenza: Understanding Patterns of Emergence and Transmission. Pathogens 2016; 5. doi:10.3390/pathogens5040066
68. Witte W. Pandemie ohne Drama. Die Grippeschutzimpfung zur Zeit der Asiatischen Grippe in Deutschland. Medizinhist J 2013; 48: 34-66
69. Viboud C, Simonsen L, Fuentes R et al. Global Mortality Impact of the 1957-1959 Influenza Pandemic. J Infect Dis 2016; 213: 738-745. doi:10.1093/infdis/jiv534
70. Honigsbaum M. Revisiting the 1957 and 1968 influenza pandemics. Lancet 2020; 395: 1824-1826. doi:10.1016/s0140-6736(20)31201-0
71. Viboud C, Grais RF, Lafont BA et al. Multinational impact of the 1968 Hong Kong influenza pandemic: evidence for a smoldering pandemic. J Infect Dis 2005; 192: 233-248. doi:10.1086/431150
72. Witte W. Die Grippepandemie 1968-1970: Strategien der Krisenbewältigung im getrennten Deutschland. »Wodka und Himbeertee«. Dtsch Med Wochenschr 2011; 136: 2664-2668. doi:10.1055/s-0031-1292869
73. Rengeling D. Die Corona-Pandemie 2020 – über eine allumfassende Prävention hinaus. NTM 2020; 28: 211-217. doi:10.1007/s00048-020-00256-6
74. Wood CL, McInturff A, Young HS et al. Human infectious disease burdens decrease with urbanization but not with biodiversity. Philos Trans R Soc Lond B Biol Sci 2017; 372. doi:10.1098/rstb.2016.0122
75. Omran AR. The epidemiologic transition. A theory of the epidemiology of population change. Milbank Mem Fund Q 1971; 49: 509-538

76. Kilbourne ED. Influenza pandemics in perspective. JAMA 1977; 237: 1225-1228
77. Lederberg J. Infectious history. Science 2000; 288: 287-293. doi:10.1126/science.288.5464.287
78. Lederberg J. Pandemic as a Natural Evolutionary Phenomenon. Soc Res 1988; 55: 343-359
79. Institute of Medicine, Lederberg J, Shope RE et al., Hg. Emerging Infections: Microbial Threats to Health in the United States. Washington (DC): National Academies Press; 1992. doi:10.17226/2008
80. Valdiserri RO, Holtgrave DR. Responding to Pandemics: What We've Learned from HIV/AIDS. AIDS Behav 2020; 24: 1980-1982. doi:10.1007/s10461-020-02859-5
81. Conti AA. Historical and methodological highlights of quarantine measures: from ancient plague epidemics to current coronavirus disease (COVID-19) pandemic. Acta Biomed 2020; 91: 226-229. doi:10.23750/abm.v91i2.9494
82. Doherty PC. Pandemics: What Everyone Needs to Know. Oxford: Oxford University Press; 2013
83. WHO. SARS: How a Global Epidemic was Stopped. Geneva: World Health Organization; 2006
84. Abrahams T. China's response to the coronavirus shows what it learned from the Sars cover-up. 2020. https://www.theguardian.com/global/commentisfree/2020/jan/23/china-coronavirus-sars-cover-up-beijing-disease-dissent. Zugriff: 13-07-2020
85. Riley S, Fraser C, Donnelly CA et al. Transmission dynamics of the etiological agent of SARS in Hong Kong: impact of public health interventions. Science 2003; 300: 1961-1966. doi:10.1126/science.1086478
86. Anderson RM, Fraser C, Ghani AC et al. Epidemiology, transmission dynamics and control of SARS: the 2002-2003 epidemic. Philos Trans R Soc Lond B Biol Sci 2004; 359: 1091-1105. doi:10.1098/rstb.2004.1490
87. Oxford JS. Preparing for the first influenza pandemic of the 21st century. Lancet Infect Dis 2005; 5: 129-131. doi:10.1016/S1473-3099(05)01288-0
88. World Health Organization Writing G, Bell D, Nicoll A et al. Non-pharmaceutical interventions for pandemic influenza, national and community measures. Emerg Infect Dis 2006; 12: 88-94. doi:10.3201/eid1201.051371
89. Lipton E, Steinhauer J. The Untold Story of the Birth of Social Distancing. 2020. https://www.nytimes.com/2020/04/22/us/politics/social-distancing-coronavirus.html. Zugriff: 14-07-2020

90. Inglesby TV, Nuzzo JB, O'Toole T et al. Disease mitigation measures in the control of pandemic influenza. Biosecur Bioterror 2006; 4: 366-375. doi:10.1089/bsp.2006.4.366
91. Markel H, Lipman HB, Navarro JA et al. Nonpharmaceutical interventions implemented by US cities during the 1918-1919 influenza pandemic. JAMA 2007; 298: 644-654. doi:10.1001/jama.298.6.644
92. Hatchett RJ, Mecher CE, Lipsitch M. Public health interventions and epidemic intensity during the 1918 influenza pandemic. Proc Natl Acad Sci U S A 2007; 104: 7582-7587. doi:10.1073/pnas.0610941104
93. Glass RJ, Glass LM, Beyeler WE et al. Targeted social distancing design for pandemic influenza. Emerg Infect Dis 2006; 12: 1671-1681. doi:10.3201/eid1211.060255
94. Cheng VC, To KK, Tse H et al. Two years after pandemic influenza A/2009/H1N1: what have we learned? Clin Microbiol Rev 2012; 25: 223-263. doi:10.1128/CMR.05012-11
95. Simonsen L, Spreeuwenberg P, Lustig R et al. Global mortality estimates for the 2009 Influenza Pandemic from the GLaMOR project: a modeling study. PLoS Med 2013; 10: e1001558. doi:10.1371/journal.pmed.1001558
96. Fineberg HV, Wilson ME. Epidemic science in real time. Science 2009; 324: 987. doi:10.1126/science.1176297
97. BAG. Influenza-Pandemieplan Schweiz. Strategien und Massnahmen zur Vorbereitung auf eine Influenza-Pandemie. Bern. Bundesamt für Gesundheit. 2018.
98. RKI. Nationaler Pandemieplan Teil II – Wissenschaftliche Grundlagen. Berlin. Robert-Koch-Institut. 2016.
99. GHS Index. Global Health Security Index. 2019. https://www.ghsindex.org/wp-content/uploads/2020/04/2019-Global-Health-Security-Index.pdf. Zugriff: 14-07-2020
100. Jester B, Uyeki T, Jernigan D. Readiness for Responding to a Severe Pandemic 100 Years After 1918. Am J Epidemiol 2018; 187: 2596-2602. doi:10.1093/aje/kwy165
101. Jester BJ, Uyeki TM, Patel A et al. 100 Years of Medical Countermeasures and Pandemic Influenza Preparedness. Am J Public Health 2018; 108: 1469-1472. doi:10.2105/AJPH.2018.304586
102. Pavia A. One hundred years after the 1918 pandemic: new concepts for preparing for influenza pandemics. Curr Opin Infect Dis 2019; 32: 365-371. doi:10.1097/QCO.0000000000000564

103. Peak CM, Childs LM, Grad YH et al. Comparing nonpharmaceutical interventions for containing emerging epidemics. Proc Natl Acad Sci U S A 2017; 114: 4023-4028. doi:10.1073/pnas.1616438114
104. Reich O. COVID-19 Test and Trace Success Determinants: Modeling On A Network. medRxiv 2020. doi:10.1101/2020.08.05.20168799: 2020.2008.2005.20168799. doi:10.1101/2020.08.05.20168799
105. Schaade L, Reuss A, Haas W et al. Pandemieplanung. Was haben wir aus der Pandemie (H1N1) 2009 gelernt? Bundesgesundheitsblatt Gesundheitsforschung Gesundheitsschutz 2010; 53: 1277-1282. doi:10.1007/s00103-010-1162-4
106. Scharte B. Die Schweiz hat mit einer anderen Pandemie gerechnet, aber flexibel geplant. 2020. https://isnblog.ethz.ch/corona/die-schweiz-hat-mit-einer-anderen-pandemie-gerechnet-aber-flexibel-geplant. Zugriff: 14-07-2020
107. Forna A, Nouvellet P, Dorigatti I et al. Case Fatality Ratio Estimates for the 2013-2016 West African Ebola Epidemic: Application of Boosted Regression Trees for Imputation. Clin Infect Dis 2020; 70: 2476-2483. doi:10.1093/cid/ciz678
108. Osterholm M, Olshaker M. Chronicle of a Pandemic Foretold. Learning From the COVID-19 Failure—Before the Next Outbreak Arrives. 2020. https://www.foreignaffairs.com/articles/united-states/2020-05-21/coronavirus-chronicle-pandemic-foretold. Zugriff: 14-07-2020
109. Cheng VC, Lau SK, Woo PC et al. Severe acute respiratory syndrome coronavirus as an agent of emerging and reemerging infection. Clin Microbiol Rev 2007; 20: 660-694. doi:10.1128/CMR.00023-07
110. Beck U. Risikogesellschaft: Auf dem Weg in eine andere Moderne. Frankfurt a.M.: Suhrkamp; 1986
111. Richter D. Unerträgliches Leiden und autonome Entscheidung – Warum Menschen mit psychischen Erkrankungen das Recht auf Sterbehilfe nicht verwehrt werden darf. In: Böhning A, Hg. Assistierter Suizid für psychisch Erkrankte – Herausforderung für die Psychiatrie und Psychotherapie. Bern: Hogrefe; 2020: im Druck
112. Weyers H. Explaining the emergence of euthanasia law in the Netherlands: how the sociology of law can help the sociology of bioethics. Sociol Health Illn 2006; 28: 802-816
113. Wouters C. Changing Regimes of Power and Emotions at the End of Life: The Netherlands 1930-1990. Netherl J Soc Sci 1990; 26: 151-167

114. Rödder A. 21.0 – Eine kurze Geschichte der Gegenwart. München: Beck; 2015
115. de Swaan A. In Care of the State: Health Care, Education, and Welfare in Europe and America During the Modern Era. Oxford: Oxford University Press; 1988
116. Iuliano AD, Roguski KM, Chang HH et al. Estimates of global seasonal influenza-associated respiratory mortality: a modelling study. Lancet 2018; 391: 1285-1300. doi:10.1016/S0140-6736(17)33293-2
117. Paget J, Spreeuwenberg P, Charu V et al. Global mortality associated with seasonal influenza epidemics: New burden estimates and predictors from the GLaMOR Project. J Glob Health 2019; 9: 020421. doi:10.7189/jogh.09.020421
118. BAG. Saisonale Grippe: Antworten auf häufige Fragen. Bern. Bundesamt für Gesundheit. 2018.
119. Arbeitsgemeinschaft Influenza. Bericht zur Epidemiologie der Influenza in Deutschland Saison 2018/19. Berlin. Robert-Koch-Institut. 2019.
120. BAG. Bericht zur Grippesaison 2018/19. Bern. Bundesamt für Gesundheit. 2019.
121. Lee BY. Covid-19 Coronavirus Won't Be Last Or Worst Pandemic, How To Stop Panic-Neglect Cycle. 2020. https://www.forbes.com/sites/brucelee/2020/07/04/covid-19-coronavirus-wont-be-last-or-worst-pandemic-how-to-stop-panic-neglect-cycle/#1a9564ac547a. Zugriff: 15-07-2020
122. King A. What four coronaviruses from history can tell us about covid-19. 2020. https://www.newscientist.com/article/mg24632800-700-what-four-coronaviruses-from-history-can-tell-us-about-covid-19/. Zugriff: 03-06-2020
123. Andersen KG, Rambaut A, Lipkin WI et al. The proximal origin of SARS-CoV-2. Nat Med 2020; 26: 450-452. doi:10.1038/s41591-020-0820-9
124. Corman VM, Muth D, Niemeyer D et al. Hosts and Sources of Endemic Human Coronaviruses. Adv Virus Res 2018; 100: 163-188. doi:10.1016/bs.aivir.2018.01.001
125. LePage M. Coronavirus: Why infections from animals are such a deadly problem. 2020. https://www.newscientist.com/article/mg24532683-400-coronavirus-why-infections-from-animals-are-such-a-deadly-problem/. Zugriff: 04-06-2020
126. Spinney L. Are we underestimating how many people are resistant to Covid-19? . 2020. https://www.theguardian.com/world/2020/jun/07/

immunological-dark-matter-does-it-exist-coronavirus-population-immunity. Zugriff: 16-06-2020

127. Braun J, Loyal L, Frentsch M et al. Presence of SARS-CoV-2 reactive T cells in COVID-19 patients and healthy donors. 2020. medRxiv. doi:10.1101/2020.04.17.20061440. https://www.medrxiv.org/content/medrxiv/early/2020/04/22/2020.04.17.20061440.full.pdf

128. Huang C, Wang Y, Li X et al. Clinical features of patients infected with 2019 novel coronavirus in Wuhan, China. Lancet 2020; 395: 497-506. doi:10.1016/S0140-6736(20)30183-5

129. Lu D. The hunt for patient zero: Where did the coronavirus outbreak start? 2020. https://www.newscientist.com/article/mg24532683-400-coronavirus-why-infections-from-animals-are-such-a-deadly-problem/. Zugriff: 04-06-2020

130. Heymann DL, Hg. Control of Communicable Diseases Manual: An Official Report of the American Public Health Association 20. Aufl. Washington, DC: American Public Health Assosication; 2014

131. Zhang R, Li Y, Zhang AL et al. Identifying airborne transmission as the dominant route for the spread of COVID-19. Proc Natl Acad Sci U S A 2020. doi:10.1073/pnas.2009637117. doi:10.1073/pnas.2009637117

132. RKI. SARS-CoV-2 Steckbrief zur Coronavirus-Krankheit-2019 (COVID-19). 2020. https://www.rki.de/DE/Content/InfAZ/N/Neuartiges_Coronavirus/Steckbrief.html. Zugriff: 03-06-2020

133. Frieden TR, Lee CT. Identifying and Interrupting Superspreading Events-Implications for Control of Severe Acute Respiratory Syndrome Coronavirus 2. Emerg Infect Dis 2020; 26: 1059-1066. doi:10.3201/eid2606.200495

134. Furuse Y, Sando E, Tsuchiya N et al. Clusters of Coronavirus Disease in Communities, Japan, January-April 2020. Emerg Infect Dis 2020; 26. doi:10.3201/eid2609.202272

135. Salcher-Konrad M, Jhass A, Naci H et al. COVID-19 related mortality and spread of disease in long-term care: first findings from a living systematic review of emerging evidence. 2020. medRxiv. doi:10.1101/2020.06.09.20125237. https://www.medrxiv.org/content/medrxiv/early/2020/06/09/2020.06.09.20125237.full.pdf

136. Liotta G, Marazzi MC, Orlando S et al. Is social connectedness a risk factor for the spreading of COVID-19 among older adults? The Italian paradox. PLoS One 2020; 15: e0233329. doi:10.1371/journal.pone.0233329

137. Xiang YT, Zhao YJ, Liu ZH et al. The COVID-19 outbreak and psychiatric hospitals in China: managing challenges through mental health service reform. Int J Biol Sci 2020; 16: 1741-1744. doi:10.7150/ijbs.45072
138. Harris L. America's Psychiatric Facilities Are ›Incubators‹ for COVID-19. 2020. https://www.madinamerica.com/2020/04/americas-psychiatric-facilities-incubators-covid-19/. Zugriff: 29-04-20
139. ETH Zürich. COVID-19 R_e. 2020. https://ibz-shiny.ethz.ch/covid-19-re/. Zugriff: 04-07-2020
140. Delamater PL, Street EJ, Leslie TF et al. Complexity of the Basic Reproduction Number (R0). Emerg Infect Dis 2019; 25: 1-4. doi:10.3201/eid2501.171901
141. Mossong J, Hens N, Jit M et al. Social contacts and mixing patterns relevant to the spread of infectious diseases. PLoS Med 2008; 5: e74. doi:10.1371/journal.pmed.0050074
142. Sanche S, Lin YT, Xu C et al. High Contagiousness and Rapid Spread of Severe Acute Respiratory Syndrome Coronavirus 2. Emerg Infect Dis 2020; 26. doi:10.3201/eid2607.200282
143. Wangping J, Ke H, Yang S et al. Extended SIR Prediction of the Epidemics Trend of COVID-19 in Italy and Compared With Hunan, China. Front Med (Lausanne) 2020; 7: 169. doi:10.3389/fmed.2020.00169
144. Epstein JM, Parker J, Cummings D et al. Coupled contagion dynamics of fear and disease: mathematical and computational explorations. PLoS One 2008; 3: e3955. doi:10.1371/journal.pone.0003955
145. an der Heiden M, Hamouda O. Schätzung der aktuellen Entwicklung der SARS-CoV-2- Epidemie in Deutschland – Nowcasting. Epid Bull 2020; 2020: 10-15. doi:http://dx.doi.org/10.25646/6692.4
146. Badr HS, Du H, Marshall M et al. Association between mobility patterns and COVID-19 transmission in the USA: a mathematical modelling study. Lancet Infect Dis 2020. doi:10.1016/S1473-3099(20)30553-3. doi:10.1016/S1473-3099(20)30553-3
147. Cowling BJ, Lau MS, Ho LM et al. The effective reproduction number of pandemic influenza: prospective estimation. Epidemiology 2010; 21: 842-846. doi:10.1097/EDE.0b013e3181f20977
148. Pellis L, Scarabel F, Stage HB et al. Challenges in control of Covid-19: short doubling time and long delay to effect of interventions. 2020. medRxiv. doi:10.1101/2020.04.12.20059972. https://www.medrxiv.org/content/medrxiv/early/2020/06/11/2020.04.12.20059972.full.pdf

149. Miller D, Martin MA, Harel N et al. Full genome viral sequences inform patterns of SARS-CoV-2 spread into and within Israel. 2020. medRxiv. doi:10.1101/2020.05.21.20104521. https://www.medrxiv.org/content/medrxiv/early/2020/05/22/2020.05.21.20104521.full.pdf
150. Lloyd-Smith JO, Schreiber SJ, Kopp PE et al. Superspreading and the effect of individual variation on disease emergence. Nature 2005; 438: 355-359. doi:10.1038/nature04153
151. Kupferschmidt K. Why do some COVID-19 patients infect many others, whereas most don't spread the virus at all? 2020. https://www.sciencemag.org/news/2020/05/why-do-some-covid-19-patients-infect-many-others-whereas-most-don-t-spread-virus-all. Zugriff: 18-06-2020
152. Tsang TK, Wu P, Lin Y et al. Effect of changing case definitions for COVID-19 on the epidemic curve and transmission parameters in mainland China: a modelling study. Lancet Public Health 2020; 5: e289-e296. doi:10.1016/S2468-2667(20)30089-X
153. Dambeck H, Hebel C. Ein Virus – viele Diagnosen. 2020. https://www.spiegel.de/politik/ausland/corona-in-russland-viele-tote-tauchen-in-offizieller-statistik-nicht-auf-a-357736d8-df02-4899-b7d2-49f500d1f639. Zugriff: 24-06-2020
154. Reuters. Russia Revises Sharply Higher Coronavirus Death Toll Among Medics. 2020. https://www.medscape.com/viewarticle/932562?nlid=136037_5404&src=wnl_dne_200622_mscpedit&uac=150855DG&impID=2429455&faf=1. Zugriff: 22-06-2020
155. WHO. Public health criteria to adjust public health and social measures in the context of COVID-19. 2020. https://www.who.int/publications/i/item/public-health-criteria-to-adjust-public-health-and-social-measures-in-the-context-of-covid-19. Zugriff: 15-08-2020
156. Fine PE. Herd immunity: history, theory, practice. Epidemiol Rev 1993; 15: 265-302. doi:10.1093/oxfordjournals.epirev.a036121
157. Randolph HE, Barreiro LB. Herd Immunity: Understanding COVID-19. Immunity 2020; 52: 737-741. doi:10.1016/j.immuni.2020.04.012
158. Britton T, Ball F, Trapman P. A mathematical model reveals the influence of population heterogeneity on herd immunity to SARS-CoV-2. Science 2020. doi:10.1126/science.abc6810. doi:10.1126/science.abc6810
159. Hartnett K. The Tricky Math of Herd Immunity for COVID-19. 2020. https://www.quantamagazine.org/the-tricky-math-of-covid-19-herd-immunity-20200630/#. Zugriff: 04-07-2020

160. Bohk-Ewald C, Dudel C, Myrskyla M. A demographic scaling model for estimating the total number of COVID-19 infections. 2020. medRxiv. doi:10.1101/2020.04.23.20077719. https://www.medrxiv.org/content/medrxiv/early/2020/05/26/2020.04.23.20077719.full.pdf
161. Ahlander J. New Study Casts More Doubt on Swedish Coronavirus Immunity Hopes. 2020. https://www.reuters.com/article/us-health-coronavirus-sweden-immunity/new-study-casts-more-doubt-on-swedish-coronavirus-immunity-hopes-idUSKBN23P2E4. Zugriff:
162. Pollan M, Perez-Gomez B, Pastor-Barriuso R et al. Prevalence of SARS-CoV-2 in Spain (ENE-COVID): a nationwide, population-based seroepidemiological study. Lancet 2020. doi:10.1016/S0140-6736(20)31483-5. doi:10.1016/S0140-6736(20)31483-5
163. Lockdown Sceptics. Should We Reconsider Herd Immunity? 2020. https://lockdownsceptics.org/should-we-reconsider-the-herd-immunity-strategy/. Zugriff: 27-06-2020
164. Guardian. French hospital discovers Covid-19 case from December. 2020. https://www.theguardian.com/world/2020/may/04/french-hospital-discovers-covid-19-case-december-retested. Zugriff: 18-06-2020
165. Chavarria-Miró G, Anfruns-Estrada E, Guix S et al. Sentinel surveillance of SARS-CoV-2 in wastewater anticipates the occurrence of COVID-19 cases. 2020. medRxiv. doi:10.1101/2020.06.13.20129627. https://www.medrxiv.org/content/medrxiv/early/2020/06/13/2020.06.13.20129627.full.pdf
166. Zimmer C. Coronavirus Epidemics Began Later Than Believed, Study Concludes. 2020. https://nyti.ms/2TN4qgx. Zugriff: 29-05-2020
167. Worobey M, Pekar J, Larsen BB et al. The emergence of SARS-CoV-2 in Europe and the US. bioRxiv 2020. doi:10.1101/2020.05.21.109322: 2020.2005.2021.109322. doi:10.1101/2020.05.21.109322
168. Gonzalez-Reiche AS, Hernandez MM, Sullivan MJ et al. Introductions and early spread of SARS-CoV-2 in the New York City area. Science 2020. doi:10.1126/science.abc1917. doi:10.1126/science.abc1917
169. Pybus O, Rambaut A, on behalf of the COG-UK consortium. Preliminary analysis of SARS-CoV-2 importation and establishment of UK transmission lineages. 2020. https://virological.org/t/preliminary-analysis-of-sars-cov-2-importation-establishment-of-uk-transmission-lineages/507. Zugriff: 16-06-2020

170. Pastore y Pionti A, Perra N, Rossi L et al. Charting the Next Pandemic: Modeling Infectious Disease Spreading in the Data Science Age. Cham: Springer; 2019
171. SRF. Die meisten Basler stecken sich in der Familie an. 2020. https://www.srf.ch/news/regional/basel-baselland/coronavirus-die-meisten-basler-stecken-sich-in-der-familie-an. Zugriff:
172. Ferguson N, Laydon D, Nedjati Gilani G et al. Report 9: Impact of non-pharmaceutical interventions (NPIs) to reduce COVID19 mortality and healthcare demand. 2020. https://www.imperial.ac.uk/mrc-global-infectious-disease-analysis/covid-19/report-9-impact-of-npis-on-covid-19/. Zugriff: 25-06-2020
173. Jing QL, Liu MJ, Zhang ZB et al. Household secondary attack rate of COVID-19 and associated determinants in Guangzhou, China: a retrospective cohort study. Lancet Infect Dis 2020. doi:10.1016/S1473-3099(20)30471-0. doi:10.1016/S1473-3099(20)30471-0
174. Oran DP, Topol EJ. Prevalence of Asymptomatic SARS-CoV-2 Infection: A Narrative Review. Ann Intern Med 2020. doi:10.7326/M20-3012. doi:10.7326/M20-3012
175. CDC. COVID-19 Pandemic Planning Scenarios. 2020. https://www.cdc.gov/coronavirus/2019-ncov/hcp/planning-scenarios.html. Zugriff: 22-06-2020
176. Xie J, Zhu Y. Association between ambient temperature and COVID-19 infection in 122 cities from China. Science of The Total Environment 2020; 724: 138201. doi:https://doi.org/10.1016/j.scitotenv.2020.138201
177. Nishiura H, Oshitani H, Kobayashi T et al. Closed environments facilitate secondary transmission of coronavirus disease 2019 (COVID-19). medRxiv 2020. doi:10.1101/2020.02.28.20029272. doi:10.1101/2020.02.28.20029272
178. Islam MF, Cotler J, Jason LA. Post-viral fatigue and COVID-19: lessons from past epidemics. Fatigue 2020. doi:10.1080/21641846.2020.1778227: 1-9. doi:10.1080/21641846.2020.1778227
179. Paterson RW, Brown RL, Benjamin L et al. The emerging spectrum of COVID-19 neurology: clinical, radiological and laboratory findings. Brain 2020. doi:10.1093/brain/awaa240. doi:10.1093/brain/awaa240
180. Clark A, Jit M, Warren-Gash C et al. Global, regional, and national estimates of the population at increased risk of severe COVID-19 due to underlying health conditions in 2020: a modelling study. Lancet Glob Health 2020. doi:10.1016/S2214-109X(20)30264-3. doi:10.1016/S2214-109X(20)30264-3

181. Tian W, Jiang W, Yao J et al. Predictors of mortality in hospitalized COVID-19 patients: A systematic review and meta-analysis. J Med Virol 2020. doi:10.1002/jmv.26050. doi:10.1002/jmv.26050
182. Rhodes A, Ferdinande P, Flaatten H et al. The variability of critical care bed numbers in Europe. Intensive Care Med 2012; 38: 1647-1653. doi:10.1007/s00134-012-2627-8
183. Healthcare Pressure. Beds and Healthcare Staff. 2020. https://www.covid-hcpressure.org/home/healthcarepressure/bedshcstaff/. Zugriff: 02-07-2020
184. Karagiannidis C, Kluge S, Riessen R et al. [Impact of nursing staff shortage on intensive care medicine capacity in Germany]. Med Klin Intensivmed Notfmed 2019; 114: 327-333. doi:10.1007/s00063-018-0457-3
185. Verelst F, Kuylen E, Beutels P. Indications for healthcare surge capacity in European countries facing an exponential increase in coronavirus disease (COVID-19) cases, March 2020. Euro Surveill 2020; 25. doi:10.2807/1560-7917.ES.2020.25.13.2000323
186. Edler C, Schroder AS, Aepfelbacher M et al. Dying with SARS-CoV-2 infection-an autopsy study of the first consecutive 80 cases in Hamburg, Germany. Int J Legal Med 2020; 134: 1275-1284. doi:10.1007/s00414-020-02317-w
187. Hirsch C, Martuscelli C. The challenge of counting COVID-19 deaths. 2020. https://www.politico.eu/article/coronavirus-the-challenge-of-counting-covid-19-deaths/. Zugriff: 27-06-2020
188. Battegay M, Kuehl R, Tschudin-Sutter S et al. 2019-novel Coronavirus (2019-nCoV): estimating the case fatality rate – a word of caution. Swiss Med Wkly 2020; 150: w20203. doi:10.4414/smw.2020.20203
189. Russell TW, Hellewell J, Jarvis CI et al. Estimating the infection and case fatality ratio for coronavirus disease (COVID-19) using age-adjusted data from the outbreak on the Diamond Princess cruise ship, February 2020. Euro Surveill 2020; 25. doi:10.2807/1560-7917.ES.2020.25.12.2000256
190. Streeck H, Schulte B, Kuemmerer B et al. Infection fatality rate of SARS-CoV-2 infection in a German community with a super-spreading event. 2020. medRxiv. doi:10.1101/2020.05.04.20090076. https://www.medrxiv.org/content/medrxiv/early/2020/06/02/2020.05.04.20090076.full.pdf
191. Bendavid E, Mulaney B, Sood N et al. COVID-19 Antibody Seroprevalence in Santa Clara County, California. 2020. medRxiv. doi:10.1101/2020.04.14.20062463. https://www.medrxiv.org/content/medrxiv/early/2020/04/30/2020.04.14.20062463.full.pdf

192. Gelman A. Concerns with that Stanford study of coronavirus prevalence. 2020. https://statmodeling.stat.columbia.edu/2020/04/19/fatal-flaws-in-stanford-study-of-coronavirus-prevalence/. Zugriff: 25-06-2020
193. Perez-Saez J, Lauer SA, Kaiser L et al. Serology-informed estimates of SARS-COV-2 infection fatality risk in Geneva, Switzerland. 2020. medRxiv. doi:10.1101/2020.06.10.20127423. https://www.medrxiv.org/content/medrxiv/early/2020/06/12/2020.06.10.20127423.full.pdf
194. Meyerowitz-Katz G, Merone L. A systematic review and meta-analysis of published research data on COVID-19 infection-fatality rates. 2020. medRxiv. doi:10.1101/2020.05.03.20089854. https://www.medrxiv.org/content/medrxiv/early/2020/05/27/2020.05.03.20089854.full.pdf
195. Ioannidis J. The infection fatality rate of COVID-19 inferred from seroprevalence data. medRxiv 2020. doi:10.1101/2020.05.13.20101253: 2020.2005.2013.20101253. doi:10.1101/2020.05.13.20101253
196. Grewelle R, De Leo G. Estimating the Global Infection Fatality Rate of COVID-19. medRxiv 2020. doi:10.1101/2020.05.11.20098780: 2020.2005.2011.20098780. doi:10.1101/2020.05.11.20098780
197. EuroMOMO. Z-Scores by Country. 2020. https://www.euromomo.eu/graphs-and-maps#z-scores-by-country. Zugriff: 27-06-2020
198. Sharpless NE. COVID-19 and cancer. Science 2020; 368: 1290. doi:10.1126/science.abd3377
199. Aron J, Muellbauer J. A pandemic primer on excess mortality statistics and their comparability across countries 2020. https://ourworldindata.org/covid-excess-mortality. Zugriff: 15-08-2020
200. Economist. Tracking covid-19 excess deaths across countries. 2020. https://www.economist.com/graphic-detail/2020/07/15/tracking-covid-19-excess-deaths-across-countries. Zugriff: 25-08-2020
201. CDC. Excess Deaths Associated with COVID-19. 2020. https://www.cdc.gov/nchs/nvss/vsrr/covid19/excess_deaths.htm. Zugriff: 25-08-2020
202. Schwäbisches Tagblatt. Palmer: »Menschen, die in halbem Jahr sowieso tot wären«. 2020. https://www.tagblatt.de/Nachrichten/Palmer-Menschen-die-in-halbem-Jahr-sowieso-tot-waeren-455765.html. Zugriff: 07-07-2020
203. Hanlon P, Chadwick F, Shah A et al. COVID-19 ? exploring the implications of long-term condition type and extent of multimorbidity on years of life lost: a modelling study [version 1; peer review: 1 approved]. Wellcome Open Res 2020; 5. doi:10.12688/wellcomeopenres.15849.1

204. Petersen E, Koopmans M, Go U et al. Comparing SARS-CoV-2 with SARS-CoV and influenza pandemics. Lancet Infect Dis 2020. doi:10.1016/S1473-3099(20)30484-9. doi:10.1016/S1473-3099(20)30484-9
205. BFS. Todesfälle und Sterbeziffern wichtiger Todesursachen nach Geschlecht und Staatsangehörigkeit. 2020. https://www.bfs.admin.ch/bfs/de/home/statistiken/gesundheit/gesundheitszustand/sterblichkeit-todesursachen/spezifische.assetdetail.11348854.html. Zugriff: 06-07-2020
206. GBE Bund. Sterbefälle, Sterbeziffern (je 100.000 Einwohner, altersstandardisiert) (ab 1998). Gliederungsmerkmale: Jahre, Region, Alter, Geschlecht, Nationalität, ICD-10, Art der Standardisierung. 2020. www.gbe-bund.de/oowa921-install/servlet/oowa/aw92/dboowasys921.xwdevkit/xwd_init?gbe.isgbetol/xs_start_neu/&p_aid=i&p_aid=12294485&nummer=6&p_sprache=D&p_indsp=6071&p_aid=93160876. Zugriff: 06-07-2020
207. Faust JS, Del Rio C. Assessment of Deaths From COVID-19 and From Seasonal Influenza. JAMA Intern Med 2020. doi:10.1001/jamainternmed.2020.2306. doi:10.1001/jamainternmed.2020.2306
208. Nersesjan V, Amiri M, Christensen HK et al. 30-day mortality and morbidity in COVID-19 versus influenza: A populationbased study. 2020. medRxiv. doi:10.1101/2020.07.25.20162156. https://www.medrxiv.org/content/medrxiv/early/2020/07/28/2020.07.25.20162156.full.pdf
209. Booth R. MPs hear why Hong Kong had no Covid-19 care home deaths 2020. https://www.theguardian.com/world/2020/may/19/mps-hear-why-hong-kong-had-no-covid-19-care-home-deaths?CMP=Share_AndroidApp_Gmail. Zugriff: 07-07-2020
210. Khazan O. The U.S. Is Repeating Its Deadliest Pandemic Mistake. 2020. https://www.theatlantic.com/health/archive/2020/07/us-repeating-deadliest-pandemic-mistake-nursing-home-deaths/613855/. Zugriff: 07-07-2020
211. [Anonym]. Switzerland COVID-19 Scenario Report. https://jcblemai.github.io/. Zugriff: 01-05-20
212. SRF Data. So entwickeln sich die Fallzahlen in der Schweiz. 2020. https://www.srf.ch/news/schweiz/coronavirus-so-entwickeln-sich-die-fallzahlen-in-der-schweiz. Zugriff: 21-08-2020
213. Statista. Anzahl durchgeführter Tests für das Coronavirus (COVID-19) in Deutschland bis KW 33 2020. 2020. https://de.statista.com/statistik/daten/studie/1107749/umfrage/labortest-fuer-das-coronavirus-covid-19-in-deutschland/. Zugriff: 21-08-2020

214. Kaufmann S. Immer mehr Infektionen bei Jüngeren – Durchschnittsalter so niedrig wie nie 2020. https://www.swp.de/panorama/corona-deutschland-aktuell-immer-mehr-corona-infektionen-bei-juengeren-durchschnittsalter-so-niedrig-wie-noch-nie-spahn-r-wert-zahlen-rki-50472817.html. Zugriff: 21-08-2020
215. Young BE, Fong S-W, Chan Y-H et al. Effects of a major deletion in the SARS-CoV-2 genome on the severity of infection and the inflammatory response: an observational cohort study. Lancet 2020. doi:10.1016/S0140-6736(20)31757-8. doi:10.1016/S0140-6736(20)31757-8
216. Belongia EA, Osterholm MT. COVID-19 and flu, a perfect storm. Science 2020; 368: 1163. doi:10.1126/science.abd2220
217. Arafat SMY, Kar SK, Marthoenis M et al. Psychological underpinning of panic buying during pandemic (COVID-19). Psychiatry Res 2020; 289: 113061. doi:10.1016/j.psychres.2020.113061
218. Ofri D. The emotional epidemiology of H1N1 influenza vaccination. N Engl J Med 2009; 361: 2594-2595. doi:10.1056/NEJMp0911047
219. Podkul A, Vittert L, Tranter S et al. The Coronavirus Exponential: A Preliminary Investigation into the Public's Understanding. Harvard Data Sci Rev 2020. doi:10.1162/99608f92.fec69745. doi:10.1162/99608f92.fec69745
220. Wagenaar WA, Sagaria SD. Misperception of exponential growth. Perception Psychophysics 1975; 18: 416-422
221. Stango V, Zinman J. Exponential growth bias and household finance. J Finance 2009; 64: 2807-2849
222. Stewart H, Sample I. Coronavirus: enforcing UK lockdown one week earlier ›could have saved 20,000 lives‹. 2020. https://www.theguardian.com/world/2020/jun/10/uk-coronavirus-lockdown-20000-lives-boris-johnson-neil-ferguson. Zugriff: 09-07-2020
223. Lammers J, Crusius J, Gast A. Correcting misperceptions of exponential coronavirus growth increases support for social distancing. Proc Natl Acad Sci U S A 2020. doi:10.1073/pnas.2006048117. doi:10.1073/pnas.2006048117
224. Schonger M, Sele D. How to better communicate exponential growth of infectious diseases. 2020. medRxiv. doi:10.1101/2020.06.12.20129114. https://www.medrxiv.org/content/medrxiv/early/2020/06/14/2020.06.12.20129114.full.pdf
225. Christandl F, Fetchenhauer D. How laypeople and experts misperceive the effect of economic growth. J Econ Psychol 2009; 30: 381-392

226. De Bock D, Van Reeth D, Minne J et al. Students‹ overreliance on linearity in economic thinking: An exploratory study at the tertiary level. Int Rev Econ Educat 2014; 16: 111-121
227. Gigerenzer G. Risk Savvy: How To Make Good Decisions. New York: Viking; 2014
228. Sunstein CR. The Cognitive Bias That Makes Us Panic About Coronavirus. 2020. https://www.bloomberg.com/opinion/articles/2020-02-28/coronavirus-panic-caused-by-probability-neglect. Zugriff: 24-06-2020
229. Ritchie S. Don't trust the psychologists on coronavirus. 2020. https://unherd.com/2020/03/dont-trust-the-psychologists-on-coronavirus/. Zugriff: 09-07-2020
230. Sunstein CR. This Time the Numbers Show We Can't Be Too Careful. 2020. https://www.bloomberg.com/opinion/articles/2020-03-26/coronavirus-lockdowns-look-smart-under-cost-benefit-scrutiny. Zugriff: 09-07-2020
231. Richter D, Wall A, Bruen A et al. Is the global prevalence rate of adult mental illness increasing? Systematic review and meta-analysis. Acta Psychiatr Scand 2019; 140: 393-407. doi:10.1111/acps.13083
232. De Vos J. From Milgram to Zimbardo: the double birth of postwar psychology/psychologization. Hist Human Sci 2010; 23: 156-175
233. Furedi F. Therapy Culture: Cultivating Vulnerability in an Uncertain Age. London: Routledge; 2004
234. Taylor S. The Psychology of Pandemics: Preparing for the Next Global Outbreak of Infectious Disease. Newcastle upon Tyne: Cambridge Scholars Publishing; 2019
235. Royal College of Psychiatrists. Psychiatrists see alarming rise in patients needing urgent and emergency care and forecast a ›tsunami‹ of mental illness. 2020. https://www.rcpsych.ac.uk/news-and-features/latest-news/detail/2020/05/15/psychiatrists-see-alarming-rise-in-patients-needing-urgent-and-emergency-care. Zugriff: 09-07-2020
236. McMullan L, Duncan P, Hulley-Jones F et al. The psychological toll of coronavirus in Britain – a visual guide. 2020. https://www.theguardian.com/world/ng-interactive/2020/jul/22/psychological-toll-coronavirus-britain-visual-guide-anxiety-mental-strain?CMP=Share_AndroidApp_Gmail. Zugriff: 24-07-2020
237. Brooks SK, Webster RK, Smith LE et al. The psychological impact of quarantine and how to reduce it: rapid review of the evidence. Lancet 2020; 395: 912-920. doi:10.1016/S0140-6736(20)30460-8

238. Huremovic D. Social Distancing, Quarantine, and Isolation. In: Huremovic D, Hg. Psychiatry of Pandemics: A Mental Health Response to Infection Outbread. Cham: Springer; 2019: 85-94
239. Zuercher SJ, Kerksieck P, Adamus C et al. Prevalence of Mental Health Problems During Virus Epidemics in the General Public, Health Care Workers and Survivors: A Rapid Review of the Evidence. 2020. medRxiv. doi:10.1101/2020.05.19.20103788. https://www.medrxiv.org/content/medrxiv/early/2020/05/22/2020.05.19.20103788.full.pdf
240. Simmen-Janevska K, Maercker A. Anpassungsstörungen: Konzept, Diagnostik und Interventionsansätze. PPmP-Psychotherapie· Psychosomatik· Medizinische Psychologie 2011; 61: 183-192
241. Wang C, Pan R, Wan X et al. Immediate Psychological Responses and Associated Factors during the Initial Stage of the 2019 Coronavirus Disease (COVID-19) Epidemic among the General Population in China. Int J Environ Res Public Health 2020; 17. doi:10.3390/ijerph17051729
242. Salari N, Hosseinian-Far A, Jalali R et al. Prevalence of stress, anxiety, depression among the general population during the COVID-19 pandemic: a systematic review and meta-analysis. Glob Health 2020; 16: 57. doi:10.1186/s12992-020-00589-w
243. Shevlin M, McBride O, Murphy J et al. Anxiety, Depression, Traumatic Stress, and COVID-19 Related Anxiety in the UK General Population During the COVID-19 Pandemic. Psyarxiv 2020. doi:10.31234. doi:10.31234
244. McGinty EE, Presskreischer R, Han H et al. Psychological Distress and Loneliness Reported by US Adults in 2018 and April 2020. JAMA 2020. doi:10.1001/jama.2020.9740. doi:10.1001/jama.2020.9740
245. Kruspe A, Haeberle M, Zhu XX. Cross-language sentiment analysis of European Twitter messages during the COVID-19 pandemic. 2020. https://openreview.net/forum?id=VvRbhkiAwR. Zugriff: 27-07-2020
246. Sibley CG, Greaves LM, Satherley N et al. Effects of the COVID-19 pandemic and nationwide lockdown on trust, attitudes toward government, and well-being. Am Psychol 2020; 75: 618-630. doi:10.1037/amp0000662
247. Biddle N, Edwards B, Gray M et al. Alcohol consumption during the COVID-19 period: May 2020. ANU Centre for Social Research and Methods. 2020. COVID-19 Briefing Paper.
248. Schützwohl M, Mergel E. Teilhabemöglichkeit, Partizipation, Inklusion und psychisches Befinden im Zusammenhang mit Ausgangsbeschränkungen aufgrund SARS-CoV-2 Psychiatrische Praxis 2020; 47: 308-318. doi:10.1055/a-1202-2427

249. Lwin MO, Lu J, Sheldenkar A et al. Global Sentiments Surrounding the COVID-19 Pandemic on Twitter: Analysis of Twitter Trends. JMIR Public Health Surveill 2020; 6: e19447. doi:10.2196/19447
250. Naumann E, Mata J, Reifenscheid M et al. Die Mannheimer Corona-Studie: Schwerpunktbericht zum Angstempfinden in der Bevölkerung. 2020. https://madoc.bib.uni-mannheim.de/55136. Zugriff: 20-07-2020
251. Sonderskov KM, Dinesen PT, Santini ZI et al. Increased Psychological Well-being after the Apex of the COVID-19 Pandemic. Acta Neuropsychiatr 2020. doi:10.1017/neu.2020.26: 1-8. doi:10.1017/neu.2020.26
252. Zhou Y, MacGeorge EL, Myrick JG. Mental Health and Its Predictors during the Early Months of the COVID-19 Pandemic Experience in the United States. Int J Environ Res Public Health 2020; 17. doi:10.3390/ijerph17176315
253. Röhr S, Reininghaus U, Riedel-Heller S. Mental and social health in the German old age population largely unaltered during COVID-19 lockdown: results of a representative survey. Psyarxiv 2020. doi:10.31234/osf.io/7n2bm. doi:10.31234/osf.io/7n2bm
254. CDC. Mental Health – Household Pulse Survey. 2020. https://www.cdc.gov/nchs/covid19/pulse/mental-health.htm. Zugriff: 31-08-2020
255. Kim HH, Laurence J. COVID-19 restrictions and mental distress among American adults: evidence from Corona Impact Survey (W1 and W2). Journal of public health (Oxford, England) 2020. doi:10.1093/pubmed/fdaa148. doi:10.1093/pubmed/fdaa148
256. Folk D, Okabe-Miyamoto K, Dunn E et al. Have Introverts or Extraverts Declined in Social Connection During the First Wave of COVID-19? Psyarxiv 2020. doi:10.31234/osf.io/tkr2b. doi:10.31234/osf.io/tkr2b
257. Dezecache G, Frith CD, Deroy O. Pandemics and the great evolutionary mismatch. Curr Biol 2020; 30: R417-R419. doi:10.1016/j.cub.2020.04.010
258. Devaraj S, Patel P. Change in Psychological Distress in Response to Changes in Residential Mobility during COVID-19 Pandemic: Evidence from the US. Available at SSRN 3603746 2020.
259. Burchell B, Wang S, Kamerāde D et al. Cut hours, not people: no work, furlough, short hours and mental health during COVID-19 pandemic in the UK. 2020. Working Paper, University of Cambridge Judge Business School. http://usir.salford.ac.uk/id/eprint/57487/
260. Richter D, Hoffmann H. Social exclusion of people with severe mental illness in Switzerland: results from the Swiss Health Survey. Epidemiol Psychiatr Sci 2019; 28: 427-435. doi:10.1017/S2045796017000786

261. Pignon B, Gourevitch R, Tebeka S et al. Dramatic reduction of psychiatric emergency consultations during lockdown linked to COVID-19 in Paris and suburbs. Psychiatry Clin Neurosci 2020. doi:10.1111/pcn.13104. doi:10.1111/pcn.13104
262. Tanaka T, Okamoto S. Suicide during the COVID-19 pandemic in Japan. 2020. medRxiv. doi:10.1101/2020.08.30.20184168. https://www.medrxiv.org/content/medrxiv/early/2020/09/02/2020.08.30.20184168.full.pdf
263. ONS. Quarterly suicide death registrations in England: 2001 to 2019 registrations and Quarter 1 (Jan to Mar) to Quarter 2 (Apr to June) 2020 provisional data. 2020. https://www.ons.gov.uk/peoplepopulationandcommunity/birthsdeathsandmarriages/deaths/bulletins/quarterlysuicidedeathregistrationsinengland/2001to2019registrationsandquarter1jantomartoquarter2aprtojune2020provisionaldata. Zugriff: 03-09-2020
264. Schläfer E. Wie sich die Pandemie auf psychisch Kranke auswirkt. 2020. https://www.faz.net/aktuell/gesellschaft/gesundheit/coronavirus/wie-sich-die-pandemie-auf-psychisch-kranke-auswirkt-16945558.html. Zugriff: 10-09-2020
265. Sinyor M, Spittal MJ, Niederkrotenthaler T. Changes in Suicide and Resilience-related Google Searches during the Early Stages of the COVID-19 Pandemic. Can J Psychiatry 2020. doi:10.1177/0706743720933426: 706743720933426. doi:10.1177/0706743720933426
266. Thomas K, Gunnell D. Suicide in England and Wales 1861-2007: a time-trends analysis. Int J Epidemiol 2010; 39: 1464-1475. doi:10.1093/ije/dyq094
267. Oyesanya M, Lopez-Morinigo J, Dutta R. Systematic review of suicide in economic recession. World J Psychiatry 2015; 5: 243-254. doi:10.5498/wjp.v5.i2.243
268. Nordt C, Warnke I, Seifritz E et al. Modelling suicide and unemployment: a longitudinal analysis covering 63 countries, 2000-11. Lancet Psychiatry 2015; 2: 239-245. doi:10.1016/S2215-0366(14)00118-7
269. Kawohl W, Nordt C. COVID-19, unemployment, and suicide. Lancet Psychiatry 2020; 7: 389-390. doi:10.1016/S2215-0366(20)30141-3
270. Pagnini F, Bonanomi A, Tagliabue S et al. Knowledge, Concerns, and Behaviors of Individuals During the First Week of the Coronavirus Disease 2019 Pandemic in Italy. JAMA network open 2020; 3: e2015821. doi:10.1001/jamanetworkopen.2020.15821
271. Thompson C. Rose's Prevention Paradox. J Appl Philos 2018; 35: 242-256

272. Dezecache G. Human collective reactions to threat. Wiley Interdiscip Rev Cogn Sci 2015; 6: 209-219. doi:10.1002/wcs.1344
273. Rehmann R. Die Angst vor dem Coronavirus verfliegt. 2020. https://www.srf.ch/news/schweiz/4-corona-umfrage-der-srg-die-angst-vor-dem-coronavirus-verfliegt. Zugriff: 26-07-2020
274. Lawton G. Can nudge theory really stop covid-19 by changing our behaviour? 2020. https://www.newscientist.com/article/mg24632811-400-can-nudge-theory-really-stop-covid-19-by-changing-our-behaviour/. Zugriff: 20-07-2020
275. Thaler RH, Sunstein CR. Nudge: Improving Decisions About Health, Wealth and Happiness. New Haven: Yale UP; 2008
276. Goolsbee A, Syverson C. Fear, Lockdown, and Diversion: Comparing Drivers of Pandemic Economic Decline 2020. National Bureau of Economic Research. 2020.
277. Mantzari E, Rubin GJ, Marteau TM. Is risk compensation threatening public health in the covid-19 pandemic? BMJ 2020; 370: m2913. doi:10.1136/bmj.m2913
278. Prosser AMB, Judge M, Bolderdijk JW et al. ›Distancers‹ and ›non-distancers‹? The potential social psychological impact of moralizing COVID-19 mitigating practices on sustained behaviour change. Brit J Soc Psychol 2020.
279. Templeton A, Guven ST, Hoerst C et al. Inequalities and identity processes in crises: Recommendations for facilitating safe response to the COVID-19 pandemic. British Journal of Social Psychology 2020; 59: 674-685. doi:10.1111/bjso.12400
280. Jetten J, Reicher SD, Haslam SA et al. Together Apart: The Psychology of Covid-19. London: Sage; 2020
281. Wollny B. Statistiken zum Coronavirus (COVID-19) in der Schweiz. 2020. https://de.statista.com/themen/6247/coronavirus-covid-19-in-der-schweiz/. Zugriff:
282. Universität Erfurt. COVID-19 Snapshot Monitoring (COSMO). 2020. https://projekte.uni-erfurt.de/cosmo2020/cosmo-analysis.html. Zugriff: 26-07-2020
283. Wilkinson-Ryan T. Our Minds Aren't Equipped for This Kind of Reopening. 2020. https://www.theatlantic.com/ideas/archive/2020/07/reopening-psychological-morass/613858/. Zugriff: 20-07-07

284. Marcus J. Quarantine Fatigue Is Real. 2020. https://www.theatlantic.com/ideas/archive/2020/05/quarantine-fatigue-real-and-shaming-people-wont-help/611482/. Zugriff: 20-07-07
285. Nattrass N. Understanding the origins and prevalence of AIDS conspiracy beliefs in the United States and South Africa. Sociol Health Illn 2013; 35: 113-129. doi:10.1111/j.1467-9566.2012.01480.x
286. Romano A. New Yahoo News/YouGov poll shows coronavirus conspiracy theories spreading on the right may hamper vaccine efforts. 2020. https://news.yahoo.com/new-yahoo-news-you-gov-poll-shows-coronavirus-conspiracy-theories-spreading-on-the-right-may-hamper-vaccine-efforts-152843610.html. Zugriff: 21-07-2020
287. Van Prooijen J-W. The psychology of conspiracy theories. London: Routledge; 2018
288. Byford J. I've been talking to conspiracy theorists for 20 years – here are my six rules of engagement. 2020. https://theconversation.com/ive-been-talking-to-conspiracy-theorists-for-20-years-here-are-my-six-rules-of-engagement-143132. Zugriff: 26-07-2020
289. Deer B. How the case against the MMR vaccine was fixed. BMJ 2011; 342: c5347. doi:10.1136/bmj.c5347
290. Hornsey MJ, Harris EA, Fielding KS. The psychological roots of anti-vaccination attitudes: A 24-nation investigation. Health Psychol 2018; 37: 307-315. doi:10.1037/hea0000586
291. Carter H. Disgraced British MMR scandal doctor Andrew Wakefield now claiming coronavirus is a HOAX in new anti-vaccine campaign. 2020. https://www.thesun.co.uk/news/12149075/andrew-wakefield-claiming-coronavirus-is-a-hoax/. Zugriff: 21-07-2020
292. Apotheken Umschau. Corona-Pandemie: Einstellung der Deutschen zum Impfen. 2020. https://www.apotheken-umschau.de/Coronavirus/Corona-Pandemie-Einstellung-der-Deutschen-zum-Impfen-559537.html. Zugriff: 21-07-2020
293. Nassehi A. Nicht Einzelne sind infiziert, sondern die ganze Gesellschaft. 2020. https://www.tagesspiegel.de/politik/ueber-die-hyperkomplexitaet-der-corona-krise-nicht-einzelne-sind-infiziert-sondern-die-ganze-gesellschaft/25733056.html. Zugriff: 21-07-2020
294. Luhmann N. Die Gesellschaft der Gesellschaft. Frankfurt a.M.: Suhrkamp; 1997
295. Luhmann N. Die Wissenschaft der Gesellschaft. Frankfurt a.M.: Suhrkamp; 1990

296. Luhmann N. Die Politik der Gesellschaft. Frankfurt a.M.: Suhrkamp; 2000
297. Luhmann N. Die Realität der Massenmedien. 2. erweiterte Auflage. Aufl. Opladen: Westdeutscher Verlag; 1996
298. Luhmann N. Die Wirtschaft der Gesellschaft. Frankfurt a.M.: Suhrkamp; 1988
299. Iacobucci G. Covid-19: UK lockdown is »crucial« to saving lives, say doctors and scientists. BMJ 2020; 368: m1204. doi:10.1136/bmj.m1204
300. DeBruin J. Guest Post — The Covid Infodemic and the Future of the Communication of Science 2020. https://scholarlykitchen.sspnet.org/2020/07/08/guest-post-the-covid-infodemic-and-the-future-of-the-communication-of-science/. Zugriff: 23-07-2020
301. Colavizza G, Costas R, Traag VA et al. A scientometric overview of CORD-19. bioRxiv 2020. doi:10.1101/2020.04.20.046144: 2020.2004.2020.046144. doi:10.1101/2020.04.20.046144
302. Odone A, Salvati S, Bellini L et al. The runaway science: a bibliometric analysis of the COVID-19 scientific literature. Acta Biomed 2020; 91: 34-39. doi:10.23750/abm.v91i9-S. 10121
303. Balaphas A, Gkoufa K, Daly MJ et al. Flattening the curve of new publications on COVID-19. J Epidemiol Community Health 2020; 74: 766-767. doi:10.1136/jech-2020-214617
304. Cobb M. The prehistory of biology preprints: A forgotten experiment from the 1960s. PLoS Biol 2017; 15: e2003995. doi:10.1371/journal.pbio.2003995
305. Kaiser J. The preprint dilemma. Science 2017; 357: 1344-1349. doi:10.1126/science.357.6358.1344
306. SBFI. Open Science. 2020. https://www.sbfi.admin.ch/sbfi/de/home/hs/hochschulen/hochschulpolitische-themen/open-science.html. Zugriff: 25-07-2020
307. Callaway E. The Covid-19 crisis could permanently change scientific publishing. Nature 2020; 582: 167-168
308. Bajak A, Howe J. A Study Said Covid Wasn't That Deadly. The Right Seized It. How coronavirus research is being weaponized. 2020. https://www.nytimes.com/2020/05/14/opinion/coronavirus-research-misinformation.html. Zugriff: 27-07-2020
309. Horbach SPJM. Pandemic publishing: Medical journals strongly speed up their publication process for COVID-19. Quant Sci Studies 2020; 0: 1-12. doi:10.1162/qss_a_00076

310. Stegenga J. Fast Science and Philosophy of Science. 2020. www.thebsps.org/auxhyp/fast-science-stegenga/. Zugriff: 27-07-2020
311. London AJ, Kimmelman J. Against pandemic research exceptionalism. Science 2020; 368: 476-477. doi:10.1126/science.abc1731
312. Box GEP. Science and Statistics. J Am Stat Ass 1976; 71: 791-799. doi:10.1080/01621459.1976.10480949
313. Efron B. Mathematics. Bayes‹ theorem in the 21st century. Science 2013; 340: 1177-1178. doi:10.1126/science.1236536
314. Pieri E. Media Framing and the Threat of Global Pandemics: The Ebola Crisis in UK Media and Policy Response. Sociol Res Online 2019; 24: 73-92. doi:10.1177/1360780418811966
315. Poirier W, Ouellet C, Rancourt M-A et al. (Un)Covering the COVID-19 Pandemic: Framing Analysis of the Crisis in Canada. Can J Polit Sci 2020. doi:10.1017/S0008423920000372: 1-7. doi:10.1017/S0008423920000372
316. Eisenegger M, Oehmer F, Udris L et al. Die Qualität der Medienberichterstattung zur Corona-Pandemie. Universität Zürich. 2020. Qualität der Medien. 1(2020.
317. Vasterman PL, Ruigrok N. Pandemic alarm in the Dutch media: Media coverage of the 2009 influenza A (H1N1) pandemic and the role of the expert sources. Europ J Comm 2013; 28: 436-453
318. Olagoke AA, Olagoke OO, Hughes AM. Exposure to coronavirus news on mainstream media: The role of risk perceptions and depression. Br J Health Psychol 2020. doi:10.1111/bjhp.12427: e12427. doi:10.1111/bjhp.12427
319. Carius BM, Schauer SG. Ibuprofen During the COVID-19 Pandemic: Social Media Precautions and Implications. West J Emerg Med 2020; 21: 497-498. doi:10.5811/westjem.2020.4.47686
320. Abd-Alrazaq A, Alhuwail D, Househ M et al. Top Concerns of Tweeters During the COVID-19 Pandemic: Infoveillance Study. J Med Internet Res 2020; 22: e19016. doi:10.2196/19016
321. Allington D, Duffy B, Wessely S et al. Health-protective behaviour, social media usage and conspiracy belief during the COVID-19 public health emergency. Psychol Med 2020. doi:10.1017/S003329172000224X: 1-7. doi:10.1017/S003329172000224X
322. Pandey A, Patni N, Singh M et al. YouTube as a source of information on the H1N1 influenza pandemic. Am J Prev Med 2010; 38: e1-e3
323. Li HO, Bailey A, Huynh D et al. YouTube as a source of information on COVID-19: a pandemic of misinformation? BMJ global health 2020; 5. doi:10.1136/bmjgh-2020-002604

324. Volkman JE, Hokeness KL, Morse CR et al. Information source's influence on vaccine perceptions: an exploration into perceptions of knowledge, risk and safety. J Comm Healthcare 2020. doi:10.1080/17538068.2020.1793288: 1-11. doi:10.1080/17538068.2020.1793288
325. Johnson NF, Velásquez N, Restrepo NJ et al. The online competition between pro- and anti-vaccination views. Nature 2020; 582: 230-233. doi:10.1038/s41586-020-2281-1
326. Rauchfleich A, Daniel V, Eisenegger M. Wie das Coronavirus die Schweizer Twitter-Communitys infzierte. 2020. https://www.foeg.uzh.ch/dam/jcr:541e3e9c-2d91-40ec-9dd6-d82de2ae637d/Zusammenfassung%20oder%20wichtigsten%20Befunde.pdf. Zugriff: 27-07-2020
327. McCarthy N. COVID-19: Where Trust In Media Is Highest & Lowest 2020. https://www.statista.com/chart/21779/trust-in-coronavirus-media-coverage-worldwide/. Zugriff: 27-07-2020
328. Darcy O. How Fox News misled viewers about the coronavirus. 2020. https://edition.cnn.com/2020/03/12/media/fox-news-coronavirus/index.html. Zugriff: 27-07-2020
329. Jamieson KH, Albarracin D. The Relation between Media Consumption and Misinformation at the Outset of the SARS-CoV-2 Pandemic in the US. The Harvard Kennedy School Misinformation Review 2020.
330. Bursztyn L, Rao A, Roth C et al. Misinformation during a pandemic. NBER. 2020. Working Paper 27417.
331. Pennycook G, McPhetres J, Zhang Y et al. Fighting COVID-19 Misinformation on Social Media: Experimental Evidence for a Scalable Accuracy-Nudge Intervention. Psychol Sci 2020; 31: 770-780. doi:10.1177/0956797620939054
332. Ogbodo JN, Onwe EC, Chukwu J et al. Communicating health crisis: a content analysis of global media framing of COVID-19. Health Promot 2020; 10: 258-269
333. Ashwell D, Murray N. When being positive might be negative: An analysis of Australian and New Zealand newspaper framing of vaccination post Australia's No Jab No Pay legislation. Vaccine 2020; 38: 5627-5633. doi:10.1016/j.vaccine.2020.06.070
334. Tröger M. Journalismus in Corona-Zeiten: Eine Kritik der Kritik. 2020. https://medienblog.hypotheses.org/9371. Zugriff: 27-07-2020
335. Spörri S. Die Rolle des Journalismus in der Corona-Krise. 2020. https://blog.zhaw.ch/languagematters/2020/04/02/die-rolle-des-journalismus-in-der-corona-krise/. Zugriff: 27-07-2020

336. Aksoy CG, Ganslmeier M, Poutvaara P. Public attention and policy responses to COVID-19 pandemic. 2020. medRxiv. doi:10.1101/2020.06.30.20143420. https://www.medrxiv.org/content/medrxiv/early/2020/07/03/2020.06.30.20143420.full.pdf

337. Gracie C. China is rewriting the facts about Covid-19 to suit its own narrative 2020. https://www.theguardian.com/commentisfree/2020/jul/27/china-truth-coronavirus-panorama-xi-jinping. Zugriff: 29-07-2020

338. Sanger DE, Lipton E, Sullivan E et al. Before Virus Outbreak, a Cascade of Warnings Went Unheeded. 2020. https://www.nytimes.com/2020/03/19/us/politics/trump-coronavirus-outbreak.html. Zugriff: 28-07-2020

339. Deutscher Bundestag. Unterrichtung durch die Bundesregierung – Bericht zur Risikoanalyse im Bevölkerungsschutz 2012. Berlin. 2013. Drucksache 17/12051. https://dipbt.bundestag.de/doc/btd/17/120/1712051.pdf

340. Charisius H, Deininger R, Deuber L et al. Schwerer Verlauf. In, Süddeutsche Zeitung. München; 25.04.2020: 11-14

341. Mackenzie D. COVID-19: The Pandemic That Never Should Have Happened, and How to Stop the Next One. London: Bridge Street Press; 2020

342. Westfälische Nachrichten. In 20 Minuten zur nächsten Klinik. Karl-Josef Laumann über die Lehren aus Corona. Westfälische Nachrichtien 22.08.2020: 4

343. Johnston L. UK lockdown was a ›monumental mistake‹ and must not happen again – Boris scientist says. 2020. https://www.express.co.uk/life-style/health/1320428/Coronavirus-news-lockdown-mistake-second-wave-Boris-Johnson. Zugriff: 15-09-2020

344. Althaus CL, Probst D, Hauser A et al. Time is of the essence: containment of the SARS-CoV-2 epidemic in Switzerland from February to May 2020. medRxiv 2020. doi:10.1101/2020.07.21.20158014: 2020.2007.2021.20158014. doi:10.1101/2020.07.21.20158014

345. Büchenbacher K, Michael S, Aline W. Wieso Italien dem Virus erlag. 2020. https://www.nzz.ch/gesellschaft/wieso-italien-dem-virus-erlag-ld.1562191?reduced=true. Zugriff: 29-07-2020

346. Bleuel N. Warum? . Die Zeit; 18.06.2020: 8-9

347. Ren X. Pandemic and lockdown: a territorial approach to COVID-19 in China, Italy and the United States. Euras Geog Econ 2020. doi:10.1080/15387216.2020.1762103: 1-12.

348. Hale T, Angrist N, Kira B et al. Pandemic Governance Requires Understanding Socioeconomic Variation in Government and Citizen Responses to COVID-19. SSRN 2020.
349. Sebhatu A, Wennberg K, Arora-Jonsson S et al. Explaining the homogeneous diffusion of COVID-19 nonpharmaceutical interventions across heterogeneous countries. Proc Natl Acad Sci U S A 2020. doi:10.1073/pnas.2010625117. doi:10.1073/pnas.2010625117
350. Hargreaves Heap SP, Koop C, Matakos K et al. COVID-19 and People's Health-Wealth Preferences: Information Effects and Policy Implications. Available at SSRN 3605003 2020.
351. Bol D, Giani M, Blais A et al. The effect of COVID-19 lockdowns on political support: Some good news for democracy? Europ J Polit Res 2020; n/a. doi:10.1111/1475-6765.12401
352. Mcdonald A. Former UK health secretary: ›Groupthink‹ slowed coronavirus response. 2020. https://www.politico.eu/article/jeremy-hunt-former-uk-health-secretary-groupthink-slowed-coronavirus-response/. Zugriff: 29-07-2020
353. Conn D, Lawrence F, Lewis P et al. Revealed: the inside story of the UK's Covid-19 crisis. 2020. https://www.theguardian.com/world/2020/apr/29/revealed-the-inside-story-of-uk-covid-19-coronavirus-crisis. Zugriff: 29-07-2020
354. Packer G. We Are Living in a Failed State. 2020. https://www.theatlantic.com/magazine/archive/2020/06/underlying-conditions/610261/. Zugriff: 29-07-2020
355. Diamond D, Wheaton S. ›The U.S. has hamstrung itself‹: How America became the new Italy on coronavirus. 2020. https://www.politico.com/news/2020/06/22/united-states-italy-traded-places-coronavirus-333122. Zugriff: 29-07-2020
356. Leonhardt D. The Unique U.S. Failure to Control the Virus. 2020. https://www.nytimes.com/2020/08/06/us/united-states-failure-coronavirus.html. Zugriff: 06-08-2020
357. Kavakli KC. Did Populist Leaders Respond to the COVID-19 Pandemic More Slowly? Evidence from a Global Sample. 2020. https://www.researchgate.net/publication/342589618_Did_Populist_Leaders_Respond_to_the_COVID-19_Pandemic_More_Slowly_Evidence_from_a_Global_Sample

358. Lohse E. Große Mehrheit der Deutschen mit Corona-Politik zufrieden. 2020. https://www.faz.net/aktuell/politik/inland/umfrage-deutsche-mit-corona-politik-sehr-zufrieden-16859111.html. Zugriff: 29-07-2020
359. Pulejo M, Querubín P. Electoral Concerns Reduce Restrictive Measures During the COVID-19 Pandemic. National Bureau of Economic Research. 2020.
360. Benini S. Und was sagen sie jetzt? Bilanz eines Sonderwegs. Tagesanzeiger. Zürich; 30.06.2020: 3
361. Samaras G. Has the coronavirus proved a crisis too far for Europe's far-right outsiders? 2020. https://theconversation.com/has-the-coronavirus-proved-a-crisis-too-far-for-europes-far-right-outsiders-142415. Zugriff: 30-07-2020
362. Frey CB, Chen C, Presidente G. Democracy, Culture, and Contagion: Political Regimes and Countries Responsiveness to Covid-19. 2020. https://www.oxfordmartin.ox.ac.uk/downloads/academic/Democracy-Culture-and-Contagion_May13.pdf
363. Nassehi A. Das Virus ändert alles, aber es ändert sich nichts. 2020. https://www.zeit.de/kultur/2020-05/corona-massnahmen-lockerungen-kontaktverbot-lockdown-social-distancing. Zugriff: 05-08-2020
364. Brainerd E, Siegler MV. The Economic Effects of the 1918 Influenza Epidemic. CEPR Discussion Papers. 2003.
365. Karlsson M, Nilsson T, Pichler S. The impact of the 1918 Spanish flu epidemic on economic performance in Sweden: an investigation into the consequences of an extraordinary mortality shock. J Health Econ 2014; 36: 1-19. doi:10.1016/j.jhealeco.2014.03.005
366. Lee J-W, McKibbin WJ. Estimating the global economic costs of SARS. In, Learning from SARS: Preparing for the Next Disease Outbreak: Workshop Summary: National Academies Press (US); 2004
367. Haldane A. Rethinking the Financial Network. London. Bank of England. 2009.
368. Ma C, Rogers J, Zhou S. Modern pandemics: Recession and recovery. Bank of Finland, Institute for Economies in Transition. 2020.
369. Hirsch C. The historic coronavirus recession — by the numbers. 2020. https://www.politico.eu/article/the-historic-coronavirus-recession-by-the-numbers/. Zugriff: 03-08-2020
370. SECO. Konjunkturprognose Sommer 2020. Bern. Staatssekretariat für Wirtschaft. 2020.

371. Statista. Entwicklung des realen Bruttoinlandsprodukts (BIP) in Deutschland von 2008 bis 2019 und Prognose des DIW bis 2021 2020. https://de.statista.com/statistik/daten/studie/74644/umfrage/prognose-zur-entwicklung-des-bip-in-deutschland/. Zugriff: 04-08-2020
372. Jonas OB. Pandemic risk. World Bank. 2013. World Development Report Background Papers. https://openknowledge.worldbank.org/handle/10986/7735
373. Bonadio B, Huo Z, Levchenko AA et al. Global supply chains in the pandemic. National Bureau of Economic Research. 2020.
374. Coveri A, Cozza C, Nascia L et al. Supply chain contagion and the role of industrial policy. J Ind Business Econ 2020; 47: 467-482
375. Andersen AL, Hansen ET, Johannesen N et al. Pandemic, shutdown and consumer spending: Lessons from Scandinavian policy responses to COVID-19. arXiv preprint arXiv:200504630 2020.
376. Forsythe E, Kahn LB, Lange F et al. Labor Demand in the time of COVID-19: Evidence from vacancy postings and UI claims. J Public Econ 2020. 104238
377. Beland L-P, Brodeur A, Wright T. COVID-19, Stay-at-Home Orders and Employment: Evidence from CPS Data. Global Labor Organization (GLO). 2020.
378. Baek C, McCrory PB, Messer T et al. Unemployment effects of stay-at-home orders: Evidence from high frequency claims data. Institute of Labor and Employment, University of California, Berkeley. 2020. IRLE Working Paper No. 101-20.
379. Statistics Sweden. GDP indicator: Sharp contraction in second quarter 2020. 2020. https://www.scb.se/en/finding-statistics/statistics-by-subject-area/national-accounts/national-accounts/national-accounts-quarterly-and-annual-estimates/pong/statistical-news/national-accounts-second-quarter-2020/. Zugriff: 05-08-2020
380. Economist. How to feel better. The Economist; 11.07.2020: 57-58
381. SECO. Konsumentenstimmung erholt sich deutlich, bleibt aber unter dem Durchschnitt 2020. https://www.seco.admin.ch/seco/de/home/seco/nsb-news.msg-id-79975.html. Zugriff: 05-08-2020
382. Chen S, Igan D, Pierri N et al. Tracking the Economic Impact of COVID-19 and Mitigation Policies in Europe and the United States. International Monetary Fund. 2020. Working Paper. WP 20/125.

383. Rodeck D. Alphabet Soup: Understanding the Shape of a COVID-19 Recession. 2020. https://www.forbes.com/advisor/investing/covid-19-coronavirus-recession-shape/. Zugriff: 04-08-2020
384. Kopp D, Siegenthaler M. Wirkt das Schweizer Kurzarbeitsprogramm? KOF Analysen 2018; 12: 83-93
385. Balleer A, Gehrke B, Lechthaler W et al. Does short-time work save jobs? A business cycle analysis. Europ Econ Rev 2016; 84: 99-122
386. Esping-Andersen G. The three worlds of welfare capitalism. Princeton, NJ: Princeton University Press; 1990
387. Breznau N. The welfare state and risk perceptions: the Novel Coronavirus Pandemic and public concern in 70 countries. Europ Societies 2020. doi:10.1080/14616696.2020.1793215: 1-14. doi:10.1080/14616696.2020.1793215
388. Frankel J. How to avoid a W-shaped global coronavirus recession. 2020. https://www.theguardian.com/business/2020/may/04/how-to-avoid-a-w-shaped-global-coronavirus-recession. Zugriff: 04-05-2020
389. Bonaccorsi G, Pierri F, Cinelli M et al. Economic and social consequences of human mobility restrictions under COVID-19. Proc Natl Acad Sci U S A 2020; 117: 15530-15535. doi:10.1073/pnas.2007658117
390. Kirby T. Evidence mounts on the disproportionate effect of COVID-19 on ethnic minorities. Lancet Respir Med 2020; 8: 547-548. doi:10.1016/S2213-2600(20)30228-9
391. Kilic K, Marin D. How COVID-19 is transforming the world economy. 2020. https://voxeu.org/article/how-covid-19-transforming-world-economy. Zugriff: 05-08-2020
392. Autor DH, Dorn D. The Growth of Low-Skill Service Jobs and the Polarization of the US Labor Market. Am Econ Rev 2013; 103: 1553-1597
393. Salvi M, Adler T. Wenn die Roboter kommen. Zürich. Avenir Suisse. 2017.
394. Deming DJ. The growing importance of social skills in the labor market. Quarterly Journal of Ecomomics 2017; 132: 1593-1640
395. Autor D, Reynolds E. The nature of work after the COVID crisis: Too few low-wage jobs. Brookings Institution. 2020. Hamilton Project. 2020-14.
396. AP. China Coronavirus WHO. 2020. www.aparchive.com/metadata/youtube/dd9d14c2cddc4cc2ad3d3351149d41f2. Zugriff: 20-08-2020
397. Lewis D. Mounting evidence suggests coronavirus is airborne-but health advice has not caught up. Nature 2020; 583: 510-513

398. Jones NR, Qureshi ZU, Temple RJ et al. Two metres or one: what is the evidence for physical distancing in covid-19? BMJ 2020; 370: m3223. doi:10.1136/bmj.m3223

399. Parker-Pope T. What's the Risk of Catching Coronavirus From a Surface? 2020. https://www.nytimes.com/2020/05/28/well/live/whats-the-risk-of-catching-coronavirus-from-a-surface.html. Zugriff: 20-08-2020

400. Viner RM, Russell SJ, Croker H et al. School closure and management practices during coronavirus outbreaks including COVID-19: a rapid systematic review. Lancet Child Adolesc Health 2020; 4: 397-404. doi:10.1016/S2352-4642(20)30095-X

401. Oxford University. Oxford COVID-19 Government Response Tracker. 2020. https://covidtracker.bsg.ox.ac.uk/. Zugriff: 28-05-2020

402. Financial Times. Exiting lockdowns: tracking governments‹ changing coronavirus responses. 2020. https://ig.ft.com/coronavirus-lockdowns/. Zugriff: 01-07-2020

403. Ioannidis JPA, Cripps S, Tanner MA. Forecasting for COVID-19 has failed. Int J Forecast 2020. doi:https://doi.org/10.1016/j.ijforecast.2020.08.004. doi:https://doi.org/10.1016/j.ijforecast.2020.08.004

404. Economist. Graphic detail: Life in the time of corona. The Economist; 08.08.2020: 73

405. Lecocq T, Hicks SP, Van Noten K et al. Global quieting of high-frequency seismic noise due to COVID-19 pandemic lockdown measures. Science 2020. doi:10.1126/science.abd2438. doi:10.1126/science.abd2438

406. Bergman NK, Fishman R. Correlations of Mobility and Covid-19 Transmission in Global Data. 2020. medRxiv. doi:10.1101/2020.05.06.20093039. https://www.medrxiv.org/content/medrxiv/early/2020/06/02/2020.05.06.20093039.full.pdf

407. Hsiang S, Allen D, Annan-Phan S et al. The effect of large-scale anticontagion policies on the COVID-19 pandemic. Nature 2020; 584: 262-267. doi:10.1038/s41586-020-2404-8

408. Flaxman S, Mishra S, Gandy A et al. Estimating the effects of non-pharmaceutical interventions on COVID-19 in Europe. Nature 2020; 584: 257-261. doi:10.1038/s41586-020-2405-7

409. Chin V, Ioannidis J, Tanner M et al. Effects of non-pharmaceutical interventions on COVID-19: A Tale of Two Models. 2020. medRxiv. doi:10.1101/2020.07.22.20160341. https://www.medrxiv.org/content/medrxiv/early/2020/07/24/2020.07.22.20160341.full.pdf

410. Glogowsky U, Hansen E, Schächtele S. How effective are social distancing policies? Evidence on the fight against COVID-19 from Germany. SSRN 2020. doi:10.2139/ssrn.3619845 doi:10.2139/ssrn.3619845
411. Kohanovski I, Obolski U, Ram Y. Inferring the effective start dates of non-pharmaceutical interventions during COVID-19 outbreaks. 2020. medRxiv. doi:10.1101/2020.05.24.20092817. https://www.medrxiv.org/content/medrxiv/early/2020/07/13/2020.05.24.20092817.full.pdf
412. Wieland T. A phenomenological approach to assessing the effectiveness of COVID-19 related nonpharmaceutical interventions in Germany. Safety Science 2020; 131: 104924. doi:https://doi.org/10.1016/j.ssci.2020.104924
413. Scire J, Nadeau S, Vaughan T et al. Reproductive number of the COVID-19 epidemic in Switzerland with a focus on the Cantons of Basel-Stadt and Basel-Landschaft. Swiss Med Wkly 2020; 150: w20271. doi:10.4414/smw.2020.20271
414. Hadjidemetriou GM, Sasidharan M, Kouyialis G et al. The impact of government measures and human mobility trend on COVID-19 related deaths in the UK. Transport Res Interdiscip Persp 2020; 6: 100167-100167
415. Deforche K, Vercauteren J, Müller V et al. Behavioral changes before lockdown, and decreased retail and recreation mobility during lockdown, contributed most to the successful control of the COVID-19 epidemic in 35 Western countries. 2020. medRxiv. doi:10.1101/2020.06.20.20136382. https://www.medrxiv.org/content/medrxiv/early/2020/06/23/2020.06.20.20136382.full.pdf
416. Chaudhry R, Dranitsaris G, Mubashir T et al. A country level analysis measuring the impact of government actions, country preparedness and socioeconomic factors on COVID-19 mortality and related health outcomes. EClinicalMedicine 2020; 25: 100464. doi:10.1016/j.eclinm.2020.100464
417. Teslya A, Pham TM, Godijk NG et al. Impact of self-imposed prevention measures and short-term government-imposed social distancing on mitigating and delaying a COVID-19 epidemic: A modelling study. PLoS Med 2020; 17: e1003166. doi:10.1371/journal.pmed.1003166
418. Chowell D, Chowell G, Roosa K et al. Sustainable social distancing through facemask use and testing during the Covid-19 pandemic. 2020. medRxiv. doi:10.1101/2020.04.01.20049981. https://www.medrxiv.org/content/medrxiv/early/2020/05/06/2020.04.01.20049981.full.pdf

419. Dave DM, Friedson AI, Matsuzawa K et al. Did the Wisconsin Supreme Court Restart a COVID-19 Epidemic? Evidence from a Natural Experiment. National Bureau of Economic Research. 2020.
420. Roques L, Klein EK, Papaïx J et al. Impact of Lockdown on the Epidemic Dynamics of COVID-19 in France. Front Med 2020; 7: 274
421. Orea L, Álvarez IC. How effective has the Spanish lockdown been to battle COVID-19? A spatial analysis of the coronavirus propagation across provinces. 2020. Documento de Trabajo.
422. Pei S, Kandula S, Shaman J. Differential Effects of Intervention Timing on COVID-19 Spread in the United States. 2020. medRxiv. doi:10.1101/2020.05.15.20103655. https://www.medrxiv.org/content/medrxiv/early/2020/05/29/2020.05.15.20103655.full.pdf
423. Althaus C, Probst D, Hauser A et al. Time is of the essence: containment of the SARS-CoV-2 epidemic in Switzerland from February to May 2020. medRxiv. 2020. doi:10.1101/2020.07.21.20158014. http://europepmc.org/abstract/PPR/PPR192247; https://doi.org/10.1101/2020.07.21.20158014; https://europepmc.org/article/PPR/PPR192247; https://europepmc.org/api/fulltextRepo?pprId=PPR192247&type=FILE&fileName=EMS87830-pdf.pdf&mimeType=application/pdf
424. Center JHUCR. Mortality Analyses. 2020. https://coronavirus.jhu.edu/data/mortality. Zugriff: 31-08-2020
425. Friedman U. Why America Is Uniquely Unsuited to Dealing With the Coronavirus. 2020. https://www.theatlantic.com/politics/archive/2020/03/coronavirus-united-states-vulnerable-pandemic/608686/. Zugriff: 08-05-2020
426. Maxmen A, Tollefson J. Two decades of pandemic war games failed to account for Donald Trump. Nature 2020; 584: 26-29. doi:10.1038/d41586-020-02277-6
427. Lin C, Braund WE, Auerbach J et al. Policy Decisions and Use of Information Technology to Fight COVID-19, Taiwan. Emerg Infect Dis 2020; 26: 1506-1512. doi:10.3201/eid2607.200574
428. Wu WK, Liou JM, Hsu CC et al. Pandemic preparedness in Taiwan. Nat Biotechnol 2020; 38: 932-933. doi:10.1038/s41587-020-0630-0
429. Liu C-H, Bos J. Could the ›liberal‹ Dutch have learned from Taiwan's approach to coronavirus? 2020. https://www.theguardian.com/commentisfree/2020/may/19/liberal-dutch-taiwan-coronavirus-covid-19-netherlands. Zugriff: 31-08-2020

430. Su SF, Han YY. How Taiwan, a non-WHO member, takes actions in response to COVID-19. J Glob Health 2020; 10: 010380. doi:10.7189/jogh.10.010380
431. Karlson N, Stern C, Klein D. The underpinnings of Sweden's permissive COVID regime 2020. https://voxeu.org/article/underpinnings-sweden-s-permissive-covid-regime. Zugriff: 31-08-2020
432. Paterlini M. ›Closing borders is ridiculous‹: the epidemiologist behind Sweden's controversial coronavirus strategy. 2020. https://www.nature.com/articles/d41586-020-01098-x. Zugriff: 31-08-2020
433. Statista. Number of coronavirus (COVID-19) tests in the Nordic countries as of August 2020 2020. https://www.statista.com/statistics/1108867/number-of-coronavirus-tests-per-capita-in-the-nordics/. Zugriff: 31-08-2020
434. Orlowski EJW, Goldsmith DJA. Four months into the COVID-19 pandemic, Sweden's prized herd immunity is nowhere in sight. Journal of the Royal Society of Medicine 2020; 113: 292-298. doi:10.1177/0141076820945282
435. Dambeck H. Wie gut kommt Schweden auf seinem Sonderweg durch die Krise? 2020. https://www.spiegel.de/politik/ausland/corona-krise-schwedens-sonderweg-eine-zwischenbilanz-in-zahlen-a-c7b3cea2-63be-4072-8df9-afdb765afb54. Zugriff: 31-08-2020
436. Franks PW. Coronavirus: why the Nordics are our best bet for comparing strategies. 2020. https://theconversation.com/coronavirus-why-the-nordics-are-our-best-bet-for-comparing-strategies-135344. Zugriff: 31-08-2020
437. Kamerlin SCL, Kasson PM. Managing COVID-19 spread with voluntary public-health measures: Sweden as a case study for pandemic control. Clin Infect Dis 2020. doi:10.1093/cid/ciaa864. doi:10.1093/cid/ciaa864
438. Born B, Dietrich A, Müller G. Do lockdowns work? A counterfactual for Sweden. CEPR Discussion Papers. 2020.
439. Klein DB, Book J, Bjørnskov C. 16 Possible Factors for Sweden's High Covid Death Rate among the Nordics. SSRN. 2020. 3674138.
440. Deopa N, Forunato P. Coronagraben. Culture and social distancing in times of COVID-19. 2020. SSRN. doi:10.2139/ssrn.3635287
441. Mazzona F. Cultural differences in COVID-19 spread and policy compliance: Evidence from Switzerland. COVID Economics, CEPR Press 2020; 33: 163-185

442. Horton R. The COVID-19 Catastrophe: What's Gone Wrong and How to Stop It Happening Again. London: John Wiley & Sons; 2020
443. Hoffman SJ, Silverberg SL. Delays in Global Disease Outbreak Responses: Lessons from H1N1, Ebola, and Zika. Am J Public Health 2018; 108: 329-333. doi:10.2105/AJPH.2017.304245
444. Dolan B. It wasn't supposed to be a coronavirus: The quest for an influenza A (H5N1)-derived vaccine and the limits of pandemic preparedness. Centaurus 2020; 62: 331-343
445. Jha S. A Conversation With John Ioannidis. 2020. https://thehealthcareblog.com/blog/2020/07/09/a-conversation-with-john-ioannidis/. Zugriff: 28-08-2020
446. NDR. Harmloser als Grippe? Fake News rund um Sars-CoV-2. 2020.
447. Die Welt. Was Sie über die Grafik wissen sollten, über die Deutschland spricht. 2020. https://www.welt.de/wissenschaft/article207456203/Coronavirus-Stefan-Homburg-und-die-Grafik-ueber-die-Deutschland-spricht.html. Zugriff: 31-08-2020
448. Tsai AC, Harling G, Reynolds ZC et al. COVID-19 transmission in the U.S. before vs. after relaxation of state social distancing measures. 2020. medRxiv. doi:10.1101/2020.07.15.20154534. https://www.medrxiv.org/content/medrxiv/early/2020/08/07/2020.07.15.20154534.full.pdf
449. John T. Critics say lockdowns will be more damaging than the virus. Experts say it's a false choice. 2020. https://edition.cnn.com/2020/05/29/europe/lockdown-skeptics-coronavirus-intl/index.html. Zugriff: 31-08-2020
450. Killgore WDS, Cloonan SA, Taylor EC et al. Trends in suicidal ideation over the first three months of COVID-19 lockdowns. Psychiatry Res 2020; 293: 113390. doi:10.1016/j.psychres.2020.113390
451. Wengström E. Coronavirus: survey reveals what Swedish people really think of country's relaxed approach 2020. https://theconversation.com/coronavirus-survey-reveals-what-swedish-people-really-think-of-countrys-relaxed-approach-137275. Zugriff: 26-08-2020
452. Nassehi A. Das grosse Nein: Eigendynamik und Tragik des gesellschaftlichen Protests. Hamburg: Murmann/Kursbuch Edition; 2020
453. Ackermann S, Baumann Hölzle R, Biller Andorno N et al. Pandemie: Lebensschutz und Lebensqualität in der Langzeitpflege. Schweiz Ärzteztg 2020; 101: 843-845

454. Woolhouse M, Scott F, Hudson Z et al. Human viruses: discovery and emergence. Philos Trans R Soc Lond B Biol Sci 2012; 367: 2864-2871. doi:10.1098/rstb.2011.0354
455. Boni MF, Lemey P, Jiang X et al. Evolutionary origins of the SARS-CoV-2 sarbecovirus lineage responsible for the COVID-19 pandemic. Nat Microbiol 2020. doi:10.1038/s41564-020-0771-4. doi:10.1038/s41564-020-0771-4
456. Dobson AP, Pimm SL, Hannah L et al. Ecology and economics for pandemic prevention. Science 2020; 369: 379-381. doi:10.1126/science.abc3189

Soziologie

Michael Volkmer, Karin Werner (Hg.)
Die Corona-Gesellschaft
Analysen zur Lage und Perspektiven für die Zukunft

Juli 2020, 432 S., kart., 2 SW-Abbildungen
24,50 € (DE), 978-3-8376-5432-5
E-Book:
PDF: 21,99 € (DE), ISBN 978-3-8394-5432-9
EPUB: 21,99 € (DE), ISBN 978-3-7328-5432-5

Naika Foroutan
Die postmigrantische Gesellschaft
Ein Versprechen der pluralen Demokratie

2019, 280 S., kart., 18 SW-Abbildungen
19,99 € (DE), 978-3-8376-4263-6
E-Book:
PDF: 17,99 € (DE), ISBN 978-3-8394-4263-0
EPUB: 17,99 € (DE), ISBN 978-3-7328-4263-6

Bernd Kortmann, Günther G. Schulze (Hg.)
Jenseits von Corona
Unsere Welt nach der Pandemie –
Perspektiven aus der Wissenschaft

September 2020, 320 S., 1 SW-Abbildung
22,50 € (DE), 978-3-8376-5517-9
E-Book:
PDF: 19,99 € (DE), ISBN 978-3-8394-5517-3
EPUB: 19,99 € (DE), ISBN 978-3-7328-5517-9

**Leseproben, weitere Informationen und Bestellmöglichkeiten
finden Sie unter www.transcript-verlag.de**

Soziologie

Detlef Pollack
Das unzufriedene Volk
Protest und Ressentiment in Ostdeutschland
von der friedlichen Revolution bis heute

September 2020, 232 S., 6 SW-Abbildungen
20,00 € (DE), 978-3-8376-5238-3
E-Book:
PDF: 17,99 € (DE), ISBN 978-3-8394-5238-7
EPUB: 17,99 € (DE), ISBN 978-3-7328-5238-3

Ingolfur Blühdorn, Felix Butzlaff,
Michael Deflorian, Daniel Hausknost, Mirijam Mock
Nachhaltige Nicht-Nachhaltigkeit
Warum die ökologische Transformation der Gesellschaft
nicht stattfindet

Juni 2020, 350 S., kart.
20,00 € (DE), 978-3-8376-5442-4
E-Book:
PDF: 17,99 € (DE), ISBN 978-3-8394-5442-8

Juliane Karakayali, Bernd Kasparek (Hg.)
movements.
Journal for Critical Migration
and Border Regime Studies
Jg. 4, Heft 2/2018

2019, 246 S., kart.
24,99 € (DE), 978-3-8376-4474-6

**Leseproben, weitere Informationen und Bestellmöglichkeiten
finden Sie unter www.transcript-verlag.de**